RALF KIEFNER

DEINEN ERSTEN WAL
— VERGISST DU NIE

RALF KIEFNER

DEINEN ERSTEN WAL

—— VERGISST DU NIE

INHALT

IM BANN DER
OZEANRIESEN

WALE BEOBACHTEN

Gleich, wie lang man davon träumt, gleich wie gut man sich darauf vorbereitet — die erste Begegnung mit einem Wal oder Delfin in freier Wildbahn ist für jeden ein einzigartiges, beeindruckendes und unvergessliches Erlebnis. Allein die Größe und Anmut dieser Riesen, ihre unglaubliche Kraft und ihre eleganten Bewegungen im Wasser sind unbeschreiblich.

Meine Frau Andrea und ich durften wunderbare und manchmal auch knifflige Situationen erleben. Viele denken, dass wir in Urlaub fahren, wenn wir für eine Film- oder Fotoproduktion unterwegs sind. Oft bieten uns freundliche Menschen sogar an, sehr gern die Koffer zu tragen. Sie wissen jedoch nicht, dass wir normalerweise mit einigen Hundert Kilo Gepäck reisen. Dabei nehmen wir wirklich nur die notwendigsten Kleidungsstücke mit. Gerade so viel, dass die empfindliche Foto- und Videoausrüstung in den Koffern sicher verstaut und gut gepolstert ist.

Ein erster Härtetest für Mensch und Material erfolgt oft schon vor Sonnenaufgang.

Unsere Expeditionen führen uns in die entlegensten Winkel der Erde, Gegenden, in denen „Luxus" ein Fremdwort ist. Als Dusche muss dann auch schon mal der Gartenschlauch vor der Hütte herhalten — wenn man Glück hat. Oft stehen wir schon vor Sonnenaufgang auf, um in jedem Fall auf See zu sein, wenn sich die Sonne über den Horizont schiebt. Im Halbschlaf zwängen wir uns dann in den kalten und vom Vortag noch nassen Tauchanzug (der hing zum Trocknen über Nacht bei unter 10° Celsius draußen) und schleppen das ganze Kamera- und Tauchequipment zum Boot. Schnell noch in den Frühstücksraum, eine Tasse heißen Kaffee im Stehen, und das Sandwich für unterwegs nicht vergessen!

Nicht selten sind die Bootsausfahrten riskant, nicht nur für die Ausrüstung, auch für unsere eigene Gesundheit. Aber die unvergesslichen Erlebnisse und Begegnungen lassen uns jedes Mal alle Strapazen, Anstrengungen und Risiken vergessen. Allein der Anblick, wenn sich die aufgehende Sonne wie ein riesiger roter Ballon majestätisch langsam über dem Meer erhebt, belohnt uns jedes Mal für das frühe Aufstehen.

Links: Einige Hundert Kilo Gepäck müssen transportiert werden.

Rechts: Der Anblick der aufgehenden Sonne belohnt für das frühe Aufstehen und die Schlepperei.

Rechte Seite: Die Schönheit der Tiere und ihr Schutz stehen für uns im Vordergrund.

SCHUTZ DER TIERE

Natürlich müssen wir uns immer im Klaren darüber sein, dass wir jederzeit mit Überraschungen rechnen müssen, wenn wir mit wilden Tieren interagieren, ganz besonders, wenn man sich in ihren Lebensraum begibt. Und egal, wie viel wir über das Verhalten der Tiere wissen (oder zu wissen glauben), die Tiere lehren uns immer wieder aufs Neue Demut und Respekt.

Bei unseren Dokumentarfilmen und Fotoreportagen stehen immer die Schönheit und Besonderheit der Tiere und vor allem ihr Schutz im Vordergrund. Wir wollen die Leser und Zuschauer informieren und durch spektakuläre Bilder für den Schutz der Wale und Delfine sensibilisieren. Wir wollen auf ihre Gefährdung aufmerksam machen und dabei ihr natürliches Verhalten so wenig wie möglich beeinflussen.

Wale und Delfine halten sich nicht immer an von Menschen gemachte Mindestabstände (Verhaltenscodex). Sie nähern sich Booten, um ihrerseits „Menschen-Watching" zu betreiben.

Wale sind groß und schwer, auch ihre Kälber. Respekt ist das Schlüsselwort.

GEDULD

In Tierdokumentationen sieht es immer so aus, als würde ständig und überall etwas Spannendes passieren. Dem ist jedoch nicht so. Die Wildnis ist kein Zoo! Die meiste Zeit besteht aus Warten, Warten, Warten. Geduld ist das oberste Gebot! Wir müssen zu jeder Zeit einsatzbereit sein, wann immer die Wetter- und Wasserbedingungen es zulassen. Es hilft nichts, im Restaurant die langweilige Wartezeit totzuschlagen. Wenn ganz plötzlich eine spektakuläre Aktion der Wale ihren Lauf nimmt, müssen wir mit unserer ganzen Ausrüstung und einsatzbereiten Kameras auf dem Wasser vor Ort sein. Wer dann erst noch Batterien oder Speicherkarten wechseln oder gar laden muss, wird voraussichtlich zu spät kommen. Wale warten nicht!

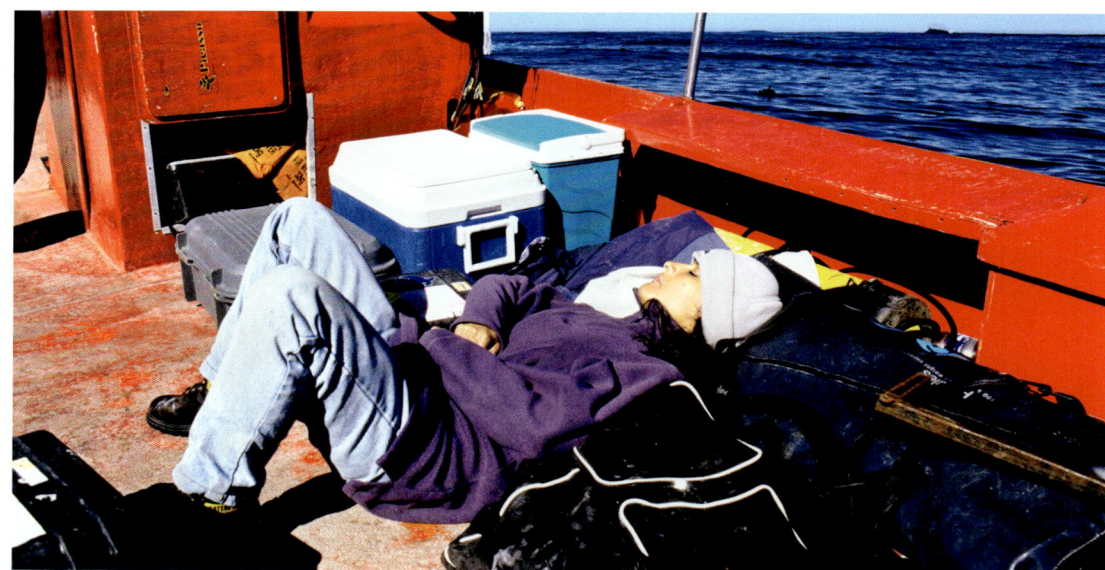

Die Wildnis ist kein Zoo!
Die meiste Zeit besteht aus
ermüdendem Warten.

Geduld ist das oberste Gebot.

Alles am Platz, alles perfekt, es könnte losgehen! Von wegen. Jetzt kommt die größte Herausforderung: Gute Begegnungen mit wilden Tieren brauchen Zeit, um sich zu entwickeln, und sollten immer vom Tier ausgehen. Wenn wir ganz großes Glück haben, interessiert sich der Wal für uns und nähert sich aus eigenem Interesse. Immer sollte man einen verantwortungsvollen Verhaltenscodex einhalten und dem Tier Zeit geben, sich an die Anwesenheit des Boots oder des Schwimmers zu gewöhnen und die Situation zu akzeptieren. Aber Wale und Delfine halten sich nicht immer an Sicherheitsabstände und nähern sich oft den Booten, um ihrerseits „Menschen-Watching" zu betreiben. Dann sind unvergessliche Begegnungen möglich! Wenn sich jedoch ein Wal oder Delfin gestresst oder unsicher fühlt, wird er wegschwimmen. Keine Chance. Es macht keinen Sinn, hinterher zu schwimmen. Er ist schneller!

Niemals dürfen wir vergessen, dass wild lebende Tiere keine Spielzeuge oder Streicheltiere sind. Wale und Delfine sind nicht immer „freundlich und friedlich". Wenn es darauf ankommt, können sie sich sehr wohl wehren! Dann kann selbst ein sanfter Kontakt mit der Fluke eines Wals zu ernsten Verletzungen führen. Wale sind groß und schwer, auch ihre Kälber. Es gibt Berichte, nach denen Delfine aggressiv mit Schwimmern interagiert haben und sie sogar verletzt oder gar getötet haben. *Respekt* ist das Schlüsselwort.

FLECKENDELFINE UND MINKWALE

ÜBERRASCHUNG

Wie eine Begegnung mit Walen abläuft und ob sie überhaupt gelingt können wir nie vorhersagen.

Eine ganz besondere Überraschung durften wir vor den Bahamas erleben, als wir unterwegs waren, um mit Tigerhaien ohne Käfig zu tauchen. Plötzlich schwamm eine Gruppe Atlantischer Fleckendelfine vor unserem Schiff. Sie vollführten lange flache Sprünge, knapp über der Wasseroberfläche. Einige Tiere schwammen nur wenige Zentimeter vor dem Bug. Sie ritten mit spielerischer Leichtigkeit auf unserer Bugwelle und nutzten dabei geschickt ihren Druck. Immer wieder kamen andere Delfine herbei und wechselten sich vor dem Bug ab. Es kam mir vor, als wäre ein regelrechter Wettstreit um die besten Plätze entbrannt. Wir konnten ihre Pfiffe bis zu uns hinauf hören. Es schien ihnen Spaß zu machen!

Als wir das Boot stoppten, um mit ihnen zu schwimmen, hatten sie jedoch das Interesse am Boot verloren. Wie von Geisterhand weggezaubert waren sie plötzlich verschwunden. Wir beschlossen, dennoch ins Wasser zu gehen.

Eine kurze Abkühlung konnte nicht schaden. Ich glitt in das kristallklare Wasser über der Kleinen Bahama Bank. Die Pfiffe der Delfine waren kaum mehr zu hören. Doch nach ein paar kräftigen Schwimmzügen weg vom Boot waren sie plötzlich wieder da. Ihre Pfiffe und das Schnarren erfüllten das Wasser. Was würde ich dafür geben, ihre Sprache zu verstehen!

Atlantische Fleckendelfine sind sehr neugierig und zutraulich und nähern sich Schwimmern und Schnorchlern oft bis auf wenige Meter ohne Scheu.

—› Immer näher schwammen sie
an uns heran, beäugten uns neugierig,
verschwanden wieder und schwammen
im nächsten Moment aus einer
anderen Richtung wieder auf uns zu.
Wie sehr ich sie doch um ihre elegante
Schwimmweise beneidete! ‹—

Manchmal muss etwas Seegras als Willkommensgeschenk oder Spielzeug herhalten.

Mit zunehmendem Alter werden die Flecken immer mehr, Jungtiere haben keine Flecken.

Deutlich konnte ich ihre typischen individuellen Flecken erkennen. Mit dem Erreichen der Geschlechtsreife und zunehmendem Alter werden es immer mehr. Neugeborene Delfine haben noch keine Flecken. Bei ausgewachsenen Tieren sind die Flecken deutlich abgegrenzt. Auf hellem Untergrund sind sie dunkel und auf dunklem Untergrund sind sie hell. Teilweise sind sie so stark ausgeprägt, dass sie die Grundfarbe überdecken. Dieses Fleckenmuster beeinflusst möglicherweise die soziale Bindung und trägt dazu bei, dass sich die einzelnen Individuen gegenseitig erkennen.

Ein Delfin tauchte zum hellen Sandgrund in etwa 10 Meter Tiefe ab, schnappte sich etwas Seegras und kam damit direkt zu uns hoch, so als wollte er es uns geben und mit uns spielen. Ein jüngeres Tier beobachtete das Ganze. Wollte es mitspielen? Es war noch recht klein und traute sich einfach nicht, Mamas Seite zu verlassen. Junge Delfine halten immer Körperkontakt zur Mutter, wenn sie sich unsicher fühlen. Was für eine Freude, dass wir dies erleben durften und dass sie uns als Spielkameraden akzeptierten! Zwar ungeschickte Spielkameraden, aber immerhin!

Nach einiger Zeit schienen sie das Interesse an uns unbeholfenen Fremdlingen verloren zu haben und verschwanden genau so plötzlich, wie sie aufgetaucht waren. Dennoch, ihre fröhlichen Pfiffe, die eleganten Bewegungen und das Vertrauen, das sie uns entgegengebracht hatten, bleiben für immer in unserer Erinnerung.

Atlantische Fleckendelfine eilen auch aus großen Entfernungen Booten entgegen, um auf deren Bugwelle zu reiten.

ZWERGENZAUBER

Eine weitere überraschende Begegnung durften Andrea und ich vor Tonga erleben, als wir unterwegs waren, um Buckelwale zu beobachten. Weit draußen auf dem offenen Meer sprang ein Buckelwal. Er war sehr ausdauernd und wiederholte seine Sprünge über einen längeren Zeitraum. Wir beschlossen hinzufahren. Auf halbem Weg tauchte plötzlich eine kleine Gruppe von Nördlichen Zwergwalen direkt neben unserem Boot auf.

Das Verhalten von Minkwalen, wie die kleinsten Vertreter der Furchenwale auch genannt werden, schwankt Booten gegenüber von scheu bis zutraulich, je nachdem, wie regelmäßig sie bejagt wurden. In den 1960er-Jahren waren die Bestände der Großwale so stark dezimiert, dass sich die Jagd auf sie nicht mehr lohnte. So wurde, trotz ihrer geringen Größe und des schlechteren Profits, auch die Jagd auf diese kleinen Wale eröffnet. Heute zählen Zwergwale zu den am häufigsten vorkommenden Walen und werden intensiv gejagt.

Durch den kommerziellen Walfang wurde der ursprüngliche Bestand von Minkwalen um etwa die Hälfte reduziert. Allein in der Fangsaison 1976/77 wurden etwas mehr als 12.000 Zwergwale getötet. Zu „wissenschaftlichen Zwecken" machen auch heute immer noch einige Industrienationen unsinnigerweise Jagd auf sie. Noch auf hoher See werden sie portioniert und für den menschlichen Verzehr eingefroren bzw. in Dosen verpackt.

Das Verhalten von Minkwalen Booten gegenüber reicht von scheu bis zutraulich, je nachdem wie regelmäßig sie bejagt wurden.

—› *Und in der Ferne stimmte ein Buckelwal
sein Liebeslied an, um seine Angebetete zu
betören. Was für ein Konzert!.* ‹—

Links: Geschwindigkeiten von 20 bis 30 km/h sind für die schnellen Minkwale kein Problem

Rechte Seite: Nördliche Zwergwale können bis zu 20 Minuten tauchen. Sie erreichen Tiefen bis 200 Meter.

Unsere Gruppe schien zum Glück noch keine bösen Erfahrungen mit Booten gemacht zu haben. Sobald wir in das tiefblaue, kristallklare Wasser des Südpazifiks eintauchten, hörten wir ihre ausgeprägten Kommunikationslaute. Sie bestehen aus Grunzen, Klicks und pulsierenden Tönen, die je nach Art und Gebiet variieren. Es handelt sich dabei hauptsächlich um pulsierende Töne in einem Frequenzbereich zwischen 10 und 800 Hertz.

Unter Wasser konnten wir fünf Zwergwale sehen. Anfangs waren sie noch scheu und hielten eine gewisse Distanz zu uns ein. Doch irgendwann schien ihr Interesse zu überwiegen und einige mutige Wale näherten sich vorsichtig. Deutlich konnten wir ihre Kehlfurchen und ihr charakteristisches weißes Band auf den Oberseiten der Brustflossen erkennen. Vielleicht wunderten sie sich, was diese unbeholfenen Wesen hier mitten im tiefen Wasser des Südpazifiks zu suchen hatten. Nachdem sie sich davon überzeugt hatten, dass wir keine Gefahr für sie darstellten, kam auch der Rest der Gruppe immer näher. Die Wale schwammen an uns vorbei oder tauchten unter uns durch und ließen uns nicht aus den Augen.

Diese Augen! Es sind die schönsten! Ich kann beim besten Willen nicht mehr sagen, wie lange diese Begegnung gedauert hat. Aber so plötzlich, wie die Zwergwale neben dem Boot aufgetaucht waren, so plötzlich waren sie auch wieder verschwunden.

Ein weißer Fleck oder weißes Band auf den Oberseiten der Brustflossen ist ein charakteristisches Merkmal der Nördlichen Zwergwale.

BUCKELWALE

GIGANTEN DER TIEFE

Für unseren Film „Giganten der Tiefe" waren wir viele Jahre in der jeweiligen Saison in Tonga und Alaska und hatten dabei das Glück, hautnahe Begegnungen mit diesen nicht immerzu sanften Riesen zu erleben. Wir wollten den gesamten Lebenszyklus der Buckelwale – Wanderung, Nahrungsaufnahme und Reproduktion – sowie ihre unterschiedlichen Verhaltensweisen dokumentieren. Kein einfaches Unterfangen, wie sich bald herausstellte.

Das Verhalten der Buckelwale in den Nahrungsgebieten — zum Beispiel in Alaska, und in den Reproduktionsgebieten — z. B. in Tonga, könnte kaum unterschiedlicher sein. In den Nahrungsgebieten wird das Verhalten durch Fressen und Kooperation geprägt, um eine möglichst effektive Jagd auf Beute zu ermöglichen. In den Reproduktionsgebieten wird das Verhalten der Männchen durch aggressives Konkurrenz- und Imponiergehabe, das der Weibchen durch Fürsorge für den Nachwuchs bestimmt. Dauerhafte soziale Bindungen bestehen nur zwischen Walkühen und ihrem Nachwuchs, bis er entwöhnt ist.

Mit einer Länge von bis zu 5 Meter haben Buckelwale die längsten Brustflossen aller Wale.

Diese Seite: Für einen flachen Tauchgang heben die Wale die Fluke meist nur geringfügig über die Wasseroberfläche.

Rechte Seite: Der Blas besteht vorwiegend aus kondensierter Luft, Wasser und einem geringen Anteil winziger, ölhaltiger Tropfen.

Im zweiten Jahr der Dreharbeiten waren wir zunächst für 6 Wochen in Alaska, um dort das Fressverhalten und die verschiedenen Jagdstrategien der Buckelwale zu filmen. In Alaska liegt ein Teil des größten gemäßigten Regenwalds. Das sollte man beachten, wenn man dorthin reist. Denn der Name „Regenwald" kommt nicht von ungefähr. Wir hatten ausschließlich Regen. Jeden Tag nichts als Regen und Nebel. Manchmal fuhren wir dann trotzdem mit dem Boot hinaus, in der Hoffnung, der Nebel könnte sich ja schließlich lichten oder im Lauf des Tages weniger werden. Dann waren wir manchmal regelrecht von Buckelwalen umringt.

—› *Ein Griff: den Motor abschalten.
Jetzt konnten wir sie hören. Von überall
drangen ihre lauten schnaubenden
Ausatemgeräusche zu uns herüber.* ‹—

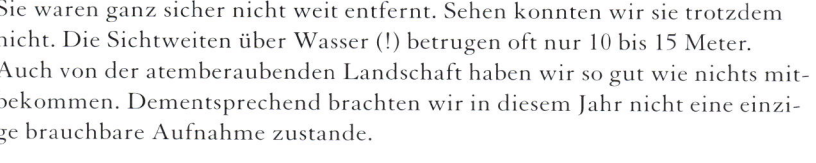

Sie waren ganz sicher nicht weit entfernt. Sehen konnten wir sie trotzdem nicht. Die Sichtweiten über Wasser (!) betrugen oft nur 10 bis 15 Meter. Auch von der atemberaubenden Landschaft haben wir so gut wie nichts mitbekommen. Dementsprechend brachten wir in diesem Jahr nicht eine einzige brauchbare Aufnahme zustande.

Von Alaska sollte es dann für weitere 6 Wochen nach Tonga gehen, um dort das Reproduktionsverhalten der Buckelwale zu dokumentieren.

Drei Tage vor der Abreise erreichte uns eine E-Mail unseres Skippers aus Tonga, dass er mit unserem gemieteten Boot das Land verlassen hatte und nicht mehr zurückkehren würde. Wir entschieden uns, trotzdem die Reise anzutreten. Wir wollten versuchen, vor Ort ein anderes Boot zu mieten. Auch in diesen sechs Wochen in Tonga haben wir kein einziges brauchbares Bild machen können. Meist hatten wir kein Boot (dann war das Wetter natürlich perfekt!), und wenn wir ein Boot hatten, war es viel zu klein für uns und unser Equipment, oder das Wetter machte uns einen Strich durch die Rechnung, oder die Wale spielten einfach nicht mit.

Die folgenden Jahre haben uns dafür jedoch mehr als entschädigt. Wir hatten sowohl in Alaska als auch in Tonga viele unglaubliche Erlebnisse mit Buckelwalen und konnten schließlich nicht nur den Film „Giganten der Tiefe", sondern auch die Dokumentation „Lachswald" fertigstellen.

Ein besonderes Erkennungsmerkmal von Buckelwalen sind die Tuberkel (Beulen) am Kopf. Aus jedem Tuberkel wächst ein etwa 1 bis 3 Zentimeter langes, borstiges Haar, dem möglicherweise eine Tast-Funktion zukommt.

UNTERWASSERKONZERT

Andrea und ich waren bei den Dreharbeiten mit einem Segelboot in den Gewässern von Ha'apai (Tonga) unterwegs, als wir schon im Boot den Paarungsgesang eines Buckelwals hören konnten. Er musste unmittelbar unter uns sein. Sein Gesang, bestehend aus melodischem Pfeifen, Brummen, Stöhnen, Knarren, Seufzen und Quietschen, der von einem Stakkato hoher Pfeiftöne unterbrochen wurde, hallte durch den Rumpf unseres Bootes, als würde er von einem Lautsprecher übertragen.

Nur die männlichen Buckelwale stimmen Paarungsgesänge an, und das auch nur in den Reproduktionsgebieten und gelegentlich bei der Wanderung. Der Gesang des Männchens soll das Weibchen betören, und wenn sein Gesang gefällt, wird sich die Angebetete nach dem Verursacher umschauen. Die Paarungsgesänge können 30 Kilometer weit unter Wasser gehört werden und gehören zu den lautesten und komplexesten Gesängen im Tierreich.

Der Gesang der Buckelwale besteht aus einer komplexen Serie von über 600 verschiedenen Lauten. Jedes Lied ist in „Strophen" unterteilt, die regelmäßig wiederholt werden.

—› *Das Lied eines Buckelwals kann zwischen 6 und 35 Minuten dauern, eine ganze Symphonie bis zu 24 Stunden. Eine Liedersession kann sich über mehrere Tage erstrecken.* ‹—

Sein Gesang durchdrang uns vom Kopf bis zu den Zehenspitzen. Wir spürten jeden Ton am ganzen Körper.

Buckelwale entwickeln ihre Lieder im Laufe einer Saison immer weiter. Sie variieren sie zu jeder neuen Saison. „Alte" Teile werden dafür durch „neue" ersetzt. Dabei kommt es vor, dass weniger erfolgreiche Sänger einfach die Kompositionen der erfolgreicheren Nebenbuhler kopieren. Oldies gibt es nicht. Auch das Gesangsrepertoire von Buckelwalbullen in weit voneinander entfernten Fortpflanzungsgebieten kann erstaunliche Ähnlichkeiten aufweisen. Die ozeanübergreifenden Ähnlichkeiten entstehen durch eine Art „Erfahrungsaustausch" der erfolgreichsten Sänger in den gemeinsamen Nahrungsgebieten. Eine vergleichbare kreative Leistung ist in der Natur nur bei Menschen bekannt.

Der Skipper hielt das Boot sofort an und versuchte, es so gut es ging auf Position zu halten. Noch immer drang der Gesang bis zu uns herauf. Eilig kramten wir unser Equipment zusammen. Wo hatten sich nur die Flossen versteckt? Schnell prüfte ich die Batterie und Speicherkarte der Kamera, und schloss sorgfältig das Gehäuse. Gespannt warteten wir auf das Zeichen des Skippers, dass wir ins Wasser können.

—› *Sobald wir den Kopf unter Wasser hielten, tauchten wir in einen marinen Konzertsaal ein.* ‹—

Groß wie eine Lokomotive schwebte der Sänger scheinbar schwerelos im Wasser.

—› *Und dann sah ich ihn! Groß wie eine Lokomotive schwebte der einsame Sänger scheinbar schwerelos im Wasser.* ‹—

Alles um uns herum war erfüllt von fremdartigen Geräuschen und wir lauschten andächtig diesem fantastischen Gesang. Ein bizarres Potpourri, wie von einer anderen Welt! Fast unglaublich, dass solche herrlichen Töne von einem einzigen Wal erzeugt werden.

Gebannt starrten wir in das unendliche Blau unter uns. Er musste doch ganz in der Nähe sein! Die Sonnenstrahlen tanzten wie Lichtschwerter oder wie Suchscheinwerfer, die unentwegt die Tiefe ergründen. Doch sosehr wir uns auch bemühten, wir konnten nicht die geringste Spur von unserem Sänger ausmachen. Also tauchte ich einfach mal auf gut Glück ab.

Nach mehreren vergeblichen Versuchen bewegte sich plötzlich eine vage Kontur in meinem Blickfeld. Durch eine winzige, kaum wahrnehmbare Bewegung erkannte ich jetzt die Umrisse eines großen Schattens schräg unter mir. Das musste er sein! Ich tauchte weiter ab.

Buckelwalbullen liegen bei ihren Gesangsdarbietungen oft regungslos, kopfüber oder horizontal im Wasser. Dieser hatte seine überlangen vibrierenden Brustflossen weit abgespreizt, so als wolle er seinen Tönen Nachdruck verleihen, fast wie ein Opernsänger. Ein Sangeskünstler in höchster Konzentration!

Auf einmal wurde die Luft knapp und ich musste auftauchen. Erst nach einigen Atemzügen an der Oberfläche konnte ich erneut abtauchen, diesmal mit Andrea. Es ist unglaublich, dass ein so riesiges Tier so schwer zu entdecken ist, aber nun wussten wir, in welche Richtung wir abtauchen mussten.

Weit spreizte der Sänger seine überlangen Brustflossen ab, als wollte er seinen Tönen Nachdruck verleihen.

Da war er wieder! Und schließlich waren wir nur noch eine Armlänge von seiner mächtigen Schwanzflosse mit knapp 5 Meter Spannweite entfernt. Deutlich erkannte ich die typische unregelmäßige Hinterkante und die weiß pigmentierte Unterseite. Die Pigmentierung der Flukenunterseite ist so individuell wie ein Fingerabdruck und wird zur Identifikation einzelner Individuen herangezogen.

Wieder wurde die Luft knapp und ich musste erneut auftauchen. Vor lauter Faszination hatte ich alles um mich herum vergessen. Auf dem Weg nach oben wurde mir bewusst, dass ich sogar vergessen hatte zu filmen. Hoffentlich gibt mir der Sänger noch eine zweite Chance, dachte ich, als ich endlich die Wasseroberfläche erreicht hatte. Schnell einige Male kräftig durchgeatmet und wieder runter. Diesmal aber mit laufender Kamera im Anschlag! Andrea war kurz vor mir abgetaucht und zu unserer großen Freude hatte der Sänger seine Arie noch lange nicht beendet.

Diese Seite: Mit den Paarungsgesängen versuchen die Bullen die Gunst der Weibchen zu erlangen

Rechte Seite: Buckelwalbullen liegen bei ihren Gesangsdarbietungen oft regungslos, kopfüber oder horizontal im Wasser.

—› *Das Lied des Buckelwals wurde
immer lauter, je mehr wir uns ihm näherten.
Sein Gesang durchdrang mich vom
Kopf bis zu den Zehenspitzen und ich spürte
jeden Ton am ganzen Körper. Was für
ein ergreifender Moment!* ‹—

FLIEGENDE HERINGE, LUFTBLASENRINGE UND GESPENSTISCHE TÖNE

In den Sommermonaten sind die Gewässer in Alaskas Sounds (Fjorde) so voller Nahrung, dass Buckelwale sogar die großen Strapazen auf sich nehmen und aus ihren Reproduktionsgebieten – zum Beispiel aus Hawaii – zum großen Fressen nach Alaska schwimmen. Während ihres Aufenthalts in den Fortpflanzungsgebieten und auf ihrer etwa 10.000 Kilometer langen Wanderung von Alaska nach Hawaii und zurück nehmen Buckelwale normalerweise keine Nahrung zu sich bzw. sie fressen nur sehr wenig und nur wenn sich eine Gelegenheit bietet. In diesen knapp acht Monaten leben die erwachsenen Buckelwale ausschließlich von ihren Fettreserven.

Nach der langen Fastenzeit schwelgen sie dann für etwa vier Monate im Nahrungsüberfluss und decken zum Beispiel in den kalten, nahrungsreichen Gewässern in Alaskas Sounds ihren enormen Kalorienbedarf für das ganze Jahr. Besonders in den ersten Wochen beschränken sich ihre Aktivitäten fast ausschließlich auf die Nahrungsaufnahme. Dann fressen sie Tag und Nacht und nehmen täglich bis zu einer Tonne Fisch und Krill zu sich.

Rechte Seite: In der Morgen- und Abenddämmerung verlässt der Krill den Schutz der größeren Tiefen und steigt zur Oberfläche, um sich dort von Phytoplankton zu ernähren. Für uns eine sehr gute Gelegenheit, um Buckelwale bei der Jagd auf Krill zu beobachten.

Für eine effektive und energiesparende Jagd haben Buckelwale verschiedene, beeindruckende Jagdstrategien entwickelt. Je nach Nahrungsart – zum Beispiel langsam schwimmender Krill oder schnell schwimmende Heringe – und je nach Nahrungsverteilung – oberflächennah oder in größeren Tiefen – wenden Buckelwale verschiedene Jagdtechniken an.

Etwas Besonderes sind das sogenannte „Luftblasennetz-Fischen" und das „Schluckfiltern". Beide Techniken können sie sowohl einzeln als auch in der Gruppe, dem sogenannten „kooperativen Fressen", durchführen. Das setzt Planung, Strategie, Koordination und Organisation in der Gruppe voraus.

Linke Seite: Die Ausatem-wolke entsteht wenn sich die warme Luft aus der Wal-Lunge beim Ausatmen mit hoher Geschwindigkeit entlädt.

Diese Seite: Beim Schluckfiltern drehen sich Buckelwale meist auf die rechte Seite.

—› Die Hauptnahrung der Buckelwale besteht aus Krill oder kleineren Schwarm-fischen wie Hering, Lodde, Sardinen und Makrelen. Die Wale treiben sie in großen Schwärmen zusammen und verschlingen sie dann. ‹—

Bei einer unserer Ausfahrten hatten wir in einiger Entfernung eine kooperative Fressgruppe gesichtet. Langsam steuerte der Skipper das Boot dorthin und schaltete den Motor in der vorgeschriebenen Entfernung ab. Nur das Kreischen der Möwen, die aufgeregt über einer Stelle kreisten, und das leise Plätschern der Wellen an unserem Boot waren jetzt noch zu hören. Vereinzelt erschienen Luftblasen an der Oberfläche, die sich schließlich, wie von magischer Hand geleitet, zu einem großen Kreis schlossen. Inmitten dieses Luftblasenrings sprangen plötzlich Heringe aus dem Wasser. In wilder Flucht versuchten sie ihren Jägern zu entkommen. Augenblicklich stürzten sich die Möwen auf sie.

—›*Und dann durchstieß eine Gruppe von etwa 10 Buckelwalen mit weit aufgerissenen Mäulern die Wasseroberfläche. Lautes Getöse und Schnauben drang zu uns herüber.* ‹—

Nach einer fast 8 monatigen Fastenzeit schwelgen Buckelwale für etwa vier Monate im Nahrungsüberfluss. Dann fressen sie Tag und Nacht und nehmen täglich bis zu eine Tonne Fisch und Krill zu sich.

In einem scheinbaren Chaos standen die Wale dicht gedrängt mit ihren Köpfen über Wasser und ihre Kehlfurchen blähten sich grotesk auf.
Buckelwale haben diese Technik bis zur Perfektion entwickelt. Wenn ein Heringsschwarm geortet wird, taucht zunächst ein Buckelwal unter den Fischschwarm, zieht eine immer enger werdende Spirale und entlässt dabei Luft aus seinen Blaslöchern. Wenn diese Luftblasenwolke zur Oberfläche steigt, dehnen sich Millionen kleiner Luftblasen aus, zerteilen sich und er-

Buckelwale haben 270 bis 400 Barten auf jeder Seite des Oberkiefers, mit einer Länge von 0,8 bis 1 Meter.

zeugen eine sprudelnde und undurchsichtige, für Fische undurchdringbare Blasenwand. Geräuschvoll sprudelnd hält diese Wand den Fischschwarm zusammen. Den Fischen widerstrebt es, gegen vermeintliche Hindernisse zu schwimmen oder eine Blasenwand zu durchdringen. Wenn das „Netz" fertig aufgebaut ist, sitzen die Heringe in der Falle. Erst dann tauchen die anderen Wale der Gruppe ab und stoßen inmitten dieser „Blasenröhre" mit weit aufgerissenen Mäulern senkrecht zur Oberfläche durch.

Wenn die Heringsschwärme groß genug sind, können sich Jagdgemeinschaften von bis zu 20 Buckelwalen bilden.

Auch dieses Mal wiederholte sich dieses spektakuläre Schauspiel mehrere Male. Die Gruppe tauchte meist in einiger Entfernung zu unserem Boot auf. Doch dann hörten wir merkwürdige, fast mystische Geräusche. Jagdgesänge der Buckelwale hallten, verstärkt durch den Rumpf unseres Bootes, zu uns herauf.

Zur Steigerung der Jagdeffektivität stimmen Buckelwale in den Nahrungsgebieten raffinierte Jagdgesänge an, die keine Gemeinsamkeiten mit den Paarungsgesängen der Walbullen haben. Sie werden nur bei Bedarf und nur zur Jagd auf Schwarmfische – wie hier der Heringe – sowohl von Männchen als auch von Weibchen angestimmt. Immer folgen sie einem bestimmten Muster. Nach einem ansteigenden Schlusston herrscht kurze Zeit Stille, bevor die Wale mit weit aufgerissenen Mäulern die Wasseroberfläche durchbrechen.

Die hornartigen Barten befinden sich ausschließlich im Oberkiefer. Sie sind an ihrem inneren Rand ausgefranst und bilden einen gigantischen Filter zur Jagd auf kleine Beutetiere.

Buckelwale gehören zu den Furchenwalen. Sie haben Kehlfurchen und können dadurch das Volumen ihres Maules um ein Vielfaches vergrößern.

Buckelwale erzeugen ihre speziellen Jagdschreie hauptsächlich in einer – für menschliche Ohren hörbaren – Frequenz zwischen 350 bis 988 Hertz. Auf diesen Frequenzbereich reagieren Schwarmfische sehr empfindlich und geraten in Panik. Die einzige Verteidigungsstrategie von Schwarmfischen ist, näher zusammenzurücken und einen dichten Schwarm aus glänzenden, wuselnden Fischleibern zu bilden, aus denen die Angreifer kein einzelnes Individuum erkennen und gezielt angreifen können. Genau diese Verteidigungsstrategie nutzen Buckelwale geschickt zu ihrem Vorteil aus und können so die Heringe in großen Mengen auf einmal verschlingen.

—› *Plötzlich erschienen die ersten Luftblasen
unmittelbar neben unserem Boot. Erst eine, dann zwei,
bis sich der Kreis allmählich um unser Boot
schloss. Jetzt befanden wir uns an der Stelle der Heringe.
Wir waren mitten in der Luftblasenröhre!* ‹—

Auf das Äußerste gespannt warteten wir, was nun passieren würde. Da tauchten die Wale auch schon unmittelbar neben dem Boot auf, atmeten kräftig aus, krümmten ihren Rücken und verschwanden wieder im dunklen grünen Wasser, ohne das Boot zu berühren.

Nach einiger Zeit löste sich die Gruppe auf, und wie von Geisterhand weggezaubert waren auf einmal alle Wale verschwunden. Bis in die späten Abendstunden waren wir unterwegs und hatten dann doch noch das Glück, Buckelwalen bei der Jagd auf Krill zu begegnen.

Für das Fressen von langsam schwimmendem Krill brauchen sie keine besonderen Jagdstrategien. Sie nutzen dafür die Technik des „Schluckfilterns". Die Buckelwale schwimmen dabei durch nährstoffreiches Wasser, reißen zwischendurch das Maul weit auf und nehmen die Beute (Krill) mit Wasser im Maul auf. Meist drehen sie sich dabei auf die rechte Seite. Der Grund für diese „Rechtsvorliebe" ist nicht bekannt. Ihre Kehlfurchen dehnen sich und vergrößern das Maul um ein Vielfaches. Dann schließen sie das Maul wieder, pressen das Wasser durch ihre Barten nach außen und schlucken die Beute.

Lin ite: Beim seitlichen Schluckfiltern schwimmen Buckelwale schnell durch nährstoffreiches Wasser, reißen zwischendurch das Maul weit auf und nehmen portionsweise Beute (Krill) und Wasser im Maul auf.

Diese Seite: Wenn ein Heringsschwarm geortet wird, taucht zunächst ein Buckelwal unter den Fischschwarm. Erst dann folgen die anderen Wale der Gruppe.

Erst als die rote Sonne schon fast hinter den gletscherbedeckten Bergen versank, verabschiedeten sich die Wale. Einige hoben noch die Fluke wie zum Abschied hoch aus dem Wasser und tauchten ab. Ein Wal sprang am anderen Ende der Bucht fast komplett aus dem Wasser und klatschte nach einer eleganten Drehung auf die Wasseroberfläche. Die Berge reflektierten das laut krachende Geräusch des Aufpralls und es hallte bis zu uns herüber.

An diesem Abend kamen wir noch gerade so vor Einbruch der Dunkelheit gegen 22 Uhr am Anlegesteg in Kake an. Restaurants gibt es dort keine. Wir wärmten mal wieder eine 5-Minuten-Suppe auf und genehmigten uns ein schnelles Bierchen.

> —› *Die kurze Nacht verbrachte ich dann*
> *in stündlichem Wach-Schlaf-Rhythmus mit Batterieladen*
> *und dem Herunterladen der Daten von den unzähligen*
> *Speicherkarten auf unseren Laptop.* ‹—

Schließlich wollten wir am nächsten Morgen kurz vor Sonnenaufgang, gegen 5 Uhr, wieder mit dem Boot ausfahren. Wie sehr habe ich mir da die „guten alten Zeiten" der Diafilme und der Videotapes zurückgewünscht!

Das Schlagen mit der Fluke auf die Wasseroberfläche könnte der Kommunikation dienen.

FLIEGENDE WALE

Viele Stunden waren Andrea und ich mit dem Boot in Tonga unterwegs und hielten vergeblich nach Buckelwalen Ausschau. Unablässig schweifte mein Blick gedankenverloren über die Wasseroberfläche. Plötzlich schien sie sich, wie in Zeitlupe, nach oben zu wölben. Noch bevor ich etwas sagen konnte, durchbrach der typische, mit Tuberkeln übersäte Kopf eines Buckelwals die Oberfläche. Mit weit ausgebreiteten Brustflossen schraubte er seinen gewaltigen Körper immer weiter in die Höhe, so als wollte er abheben und davonfliegen. Wassermassen flossen an seinem Körper entlang, als er sich seitlich drehte, mit spektakulärem Klatschen auf die Wasseroberfläche aufschlug und dabei eine gewaltige Wasserfontäne in den Himmel jagte.

Diese Seite: Der Aufprall auf der Wasseroberfläche ist unter Wasser kilometerweit zu hören und fungiert wie eine Art „Ferngespräch".

Rechte Seite Buckelwale gehören zu den oberflächenaktivsten Bartenwalen. Sie springen oft oder schlagen mit den Flippern, der Fluke und dem Kopf auf das Wasser.

—› Immer wieder bin ich von der Größe und
Anmut dieser Tiere überwältigt! Was für eine ungeheure
Leistung, wenn man das Gewicht von bis zu
40 Tonnen bedenkt (dies entspricht etwa dem Gewicht von
mehr als 400 Menschen)! ‹—

Zwei ausgewachsene Buckelwale und das Kalb schnellen fast zeitgleich aus dem Wasser.

Sprünge und andere Oberflächenaktivitäten spielen möglicherweise eine wichtige Rolle bei der Kommunikation. Der Aufprall auf der Wasseroberfläche ist unter Wasser kilometerweit zu hören und fungiert wie eine Art „Ferngespräch", um zum Beispiel entfernten Artgenossen die Anwesenheit oder eine Richtung mitzuteilen. Sprünge können möglicherweise auch verschiedene Funktionen in unterschiedlichem sozialem Kontext haben, zum Beispiel um Kontakt zwischen den Gruppen zu halten, bei der Kommunikation innerhalb von Gruppen, und sie könnten auch soziale Interaktionen auslösen oder schlichten oder andere Formen der Kommunikation akzentuieren und möglicherweise als eine Art „physikalisches Ausrufezeichen" dienen. In Reproduktionsgebieten können Sprünge auch Ausdruck von Imponiergehabe oder Aggression gegenüber Nebenbuhlern sein oder um Weibchen zu beeindrucken. In jedem Fall ist es eine wirkungsvolle Methode, um sich von Parasiten zu befreien. Für Jungtiere sind diese Sprünge zudem ein gutes Kraft- und Ausdauertraining und eine ideale Koordinationsübung.

—› *Noch bevor ich aufspringen und die Kamera greifen konnte, sprang das Kalb. Ein Versuch, es seiner Mutter gleichzutun?* ‹—

Gebannt schaute ich jetzt mit einem Auge durch den Sucher meiner Kamera, den Finger am Auslöser. Mit dem anderen Auge suchte ich die Wasseroberfläche ab, um den nächsten Sprung auf keinen Fall zu verpassen. Plötzlich schnellten zwei ausgewachsene Buckelwalkörper und der Kleine fast zeitgleich aus dem Wasser. Was für ein Schauspiel!

BARNEY

Wer denkt, dass Buckelwale immer freundlich, friedlich und sanft sind, täuscht sich. Wale und Delfine können sich sehr wohl wehren. In den Paarungsgebieten kämpfen Buckelwalbullen zum Beispiel erbittert um das Zugangsrecht zu einem Weibchen.

Schon aus großer Entfernung sahen wir die Oberflächenaktivitäten von vier Buckelwalen. Sie schlugen mit der Fluke und den Brustflossen auf das Wasser und schwammen aufgeregt umeinander. Offensichtlich wurde ein Weibchen von drei Walbullen bedrängt. In einer Entfernung von etwa 500 Meter schalteten wir den Motor ab, um das Geschehen aus sicherer Entfernung zu beobachten.

Wir sahen, wie einer der Herausforderer zum Angriff überging und einen Kontrahenten rammte. Er versuchte seinen Nebenbuhler abzudrängen, um seiner Angebeteten möglichst nahe zu sein. Doch das ließen sich die anderen beiden Bullen natürlich nicht gefallen und zeigten ihr ganzes Repertoire, um ihre Kraft zu demonstrieren. Sie rammten sich, erzeugten Luftblasen, schlugen mit dem Kopf, mit der Fluke oder den Brustflossen auf das Wasser, und gelegentlich sprangen sie sogar mit ihren massigen Körpern auf oder direkt neben ihren Konkurrenten und atmeten demonstrativ laut schnaubend aus. Ein typischer Ausdruck von Imponiergehabe oder Aggression gegenüber den Nebenbuhlern.

Oft kämpfen mehrere Buckelwalbullen um die einmalige Paarung mit einem Weibchen und versuchen ihre Rivalen in dieser Zeit fern zu halten. Nach der erfolgten Paarung kopulieren beide mit weiteren Partnern.

—› *Wenn mehrere sattelschleppergroße Vierzigtonner im Liebesrausch die Welt um sich herum vergessen und das Wasser förmlich zu kochen scheint, ist es besser, Distanz zu halten.* ‹—

Diese Kämpfe können gefährlich sein und führen nicht selten zu Verletzungen. Wenn Walkälber zwischen die Kontrahenten geraten, können sie leicht zerquetscht werden. Die Anwesenheit unseres Bootes dagegen schien sie nicht im Geringsten zu stören. Um den Bullen die Möglichkeit zur Paarung zu nehmen, drehte sich das Weibchen auf den Rücken. Aber natürlich wissen die Männchen, dass sie nur warten müssen, bis sie sich zum Atmen wieder umdrehen muss.

Doch plötzlich kehrte Ruhe ein. Die Walkuh tauchte nur wenige Meter neben unserem Boot auf. Die Bullen — ihre sogenannte Eskorte — schienen sich nicht sicher zu sein, ob sie sich dem Boot nähern sollten, und blieben erst einmal auf Distanz. Aufmerksam umrundeten die liebestollen Verehrer unser Boot in sicherer Entfernung und schienen sich allmählich etwas zu beruhigen. Die Walkuh hielt sich eine ganze Weile neben dem Boot auf und so beschlossen Andrea und ich ins Wasser zu gehen.

Um den Bullen die Möglichkeit zur Paarung zu nehmen, dreht sich das Weibchen auf den Rücken.

Deise Seite: Der massiger Körper des Weibchens bewegte sich majestätisch im Einklang mit dem Gesang eines Buckelwalbullen im Hintergrund.

Rechte Seite: Die Walkuh tauchte nur wenige Meter neben unserem Boot auf, während die Bullen erst einmal auf Distanz blieben.

Hatte sie erkannt, dass sie ihre Verehrer durch die Nähe des Bootes auf Distanz halten konnte? Immer näher kam sie an uns heran, stellte sich mit weit ausgebreiteten Brustflossen senkrecht vor uns auf, drehte dann vor uns in einem eleganten Bogen ab, rollte sich auf die Seite und schließlich auf den Rücken und beäugte uns dabei interessiert.

Ihr massiger Körper bewegte sich majestätisch im Einklang mit dem Gesang eines Buckelwalbullen im Hintergrund. Wir konnten dabei deutlich ihre Kehlfurchen und ihre weiß pigmentierte Bauchseite sehen. Genau wie die Flukenunterseite ist auch sie individuell pigmentiert und kann zur Identifikation von Individuen herangezogen werden.

—› *Dem Weibchen schien unsere Anwesenheit willkommen zu sein, im Gegensatz zu den Walbullen, die weiterhin das Boot und ihre Angebetete in einiger Entfernung umrundeten und die Szenerie neugierig beobachteten.* ‹—

Wie bei vielen Säugetieren gibt es auch bei den Buckelwalen einen gewaltigen Unterschied zwischen Männchen und Weibchen, was den Reproduktionsaufwand angeht. Die Bullen müssen zwar gelegentlich erbittert um ein Weibchen kämpfen, aber danach ziehen sie einfach weiter, um sich mit möglichst vielen anderen Walkühen zu paaren. Die Weibchen dagegen nehmen für die Fortpflanzung unglaubliche Anstrengungen auf sich. Sie sind fast ein Jahr trächtig. Nach der Geburt säugen sie ihren Nachwuchs bis zu 12 Monate und nehmen dabei, zumindest in den ersten Monaten und auf der Wanderung, keine Nahrung zu sich.

Ich weiß nicht, wie lange wir mit Barney (so hatten wir die Walkuh später genannt) im Wasser waren. Mit ruhigen Bewegungen verschwand sie schließlich im tiefen Blau des Südpazifischen Ozeans, mit ihren Begleitern im Schlepptau.

Mit weit ausgebreiteten Brustflossen stand Barney senkrecht vor uns und zeigte sich in voller Schönheit.

JASON

Bei einer weiteren Ausfahrt vor Tonga, um Buckelwale zu beobachten, verfolgte uns nach kurzer Zeit ein junger Walbulle. Er schwamm hinter unserem Boot her und tauchte laut schnaubend etwa 10 bis 20 Meter hinter uns auf. Zunächst dachte ich an einen Zufall. Doch als sich der Vorgang mehrere Male wiederholte, war mir klar, dass es keine bessere Einladung geben konnte. Es dauerte eine Weile, bis der Motor gestoppt war und das Boot zum Stillstand kam.

Der Wal umrundete unser Boot, als würde er auf uns warten. Immer noch atmete er beim Auftauchen übermäßig laut aus. Sobald Andrea und ich im Wasser waren, kam er auch schon direkt auf uns zugeschwommen. Im Wasser sah er noch viel gewaltiger aus.

—› *Mir war klar, was jetzt folgen würde ...
und dann kam es auch schon. Der Wal schlug
mit seiner riesigen Schwanzflosse
mit voller Wucht nach uns. Ich kam mir vor
wie unter einer riesigen Fliegenklatsche.
Wir konnten gerade noch ausweichen!* ‹—

Der gewaltige Wasserstrom, den der Wal mit seiner Fluke verursachte, schüttelte uns kräftig durch.

„Woooooouuuuw!", dachte ich und fotografierte, was die Kamera hergab, immer mit Blick durch den Sucher. Aber irgendetwas war diesmal anders. Der Wal drehte nicht bei, sondern schwamm immer weiter mit hoher Geschwindigkeit frontal auf uns zu. Als ich meinen Blick schließlich über die Kamera auf den heraneilenden Wal richtete, erkannte ich, dass er deutlich näher war, als es durch den Weitwinkelsucher schien.

Wenige Meter vor uns breitete er seine langen Brustflossen aus, drehte sich auf die Seite und krümmte seinen Rücken.

Linke Seite: Jason schlug mit seiner riesigen Schwanzflosse mit voller Wucht nach uns.

Diese Seite: Plötzlich waren wir komplett in eine riesige Wolke aus feinsten Luftblasen gehüllt, die uns jegliche Sicht nahm.

Nach jedem Schlag mit der Schwanzflosse verschwand
Jason aus unserem Blickfeld.

Der gewaltige Wasserstrom, den er mit seiner Fluke verursachte, schüttelte
uns kräftig durch. Der Wal bemerkte sofort, dass er uns verfehlt hatte, und
schlug mit der Fluke von oben auf die Wasseroberfläche. Auch dieses Mal
verfehlte er uns zum Glück. Aber jetzt waren wir komplett in eine riesige
Wolke aus feinsten Luftblasen eingehüllt, die uns jegliche Sicht nahm.

—› *Dieser Riesenkerl wollte nicht spielen!*
Nichts wie schnell raus aus dieser
Luftblasenwolke. Wir mussten unbedingt
sehen, wo er war und, vor allem,
was er vorhatte! ‹—

Endlich wieder freie Sicht! Aber der Wal – wir nannten ihn später Jason, nach dem Film „Freitag der 13." – kam geradewegs wieder auf uns zu und das „Spiel" begann von vorn. Wieder krümmte er nur wenige Meter vor uns seinen Rücken, drehte sich auf die Seite und schlug mit der Fluke nach uns, um dann sofort auf die Wasseroberfläche zu klatschen. Nach jedem Schlag mit der Schwanzflosse verschwand Jason aus unserem Blickfeld und schwamm kurz darauf aus einer anderen Richtung wieder direkt auf uns zu. Das reichte jetzt! Wir wollten zurück zum Boot. Aber das hielt sich in einiger Entfernung auf und unser Skipper beobachtete die Situation. Erst nach mehreren Anläufen konnte uns das Boot wieder aufnehmen.

Wir wissen nicht, was mit Jason los war oder welches Problem er hatte. Wir trafen ihn in dieser Saison noch einige Male und jedes Mal zeigte er das gleiche Verhalten. Auch wenn wir eine Gruppe Buckelwale beobachteten, die friedlich an der Oberfläche ruhte oder Interesse an unserem Boot zeigte – sobald Jason dazukam, mischte er die Walgruppe auf und alle Wale der Gruppe flüchteten in verschiedene Richtungen. Trotz allem, Jason hat uns viele gute Aufnahmen für den Film ermöglicht. Vielen Dank!

Diese Seite: Das Schlagen mit der Fluke wird als Ausdruck von Aggression gegenüber Nebenbuhler gedeutet. Auf jeden Fall ist es eine sehr effektive Verteidigungsmethode.

Rechte Seite: Der Wal schwamm immer weiter mit hoher Geschwindigkeit frontal auf uns zu.

AUF DEM SPIELPLATZ

Auch mit Walkälbern kann man turbulente Situationen erleben. Sie sind beileibe nicht immer scheu und vorsichtig.

Das Meer war ruhig. Erst nach vielen Stunden vergeblicher Suche sahen wir die erste Fontäne eines Wals in den Gewässern um Tonga. Weit vor uns am Horizont, wo das türkisblaue Wasser mit dem Blau des Himmels verschmolz, glitzerte eine verräterische Säule aus kondensierter Atemluft über dem Wasser. Die Spannung an Bord stieg mit jedem Meter, den wir uns dem Wal näherten. Er schien uns nicht bemerkt zu haben. Ganz ruhig atmend schwamm dieser Koloss langsam vor uns her. Immer deutlicher hörten wir seine Atemgeräusche.

—› *Plötzlich erkannten wir, dass es zwei Wale waren. Eine Mutter mit ihrem Nachwuchs. Langsam und gleichmäßig hoben sie ihren Rücken mit der typischen kleinen Rückenfinne aus dem Wasser und schwammen scheinbar gleichgültig ihres Weges.* ‹—

Dauerhafte soziale Bindungen bestehen nur zwischen Walkühen und ihrem Nachwuchs, bis er entwöhnt ist.

Walkälber haben häufigen Körperkontakt mit ihrer Mutter. Sie stützt ihr Junges an der Oberfläche, wenn es erschöpft ist, oder lässt es dicht an ihrem Rücken schwimmen. Jungtiere sparen auf diese Weise bis zu 25 % Energie.

Wir wollten die beiden nicht stören und verzichteten auf eine weitere Beobachtung. Die große und die kleine Fluke erhoben sich über die Oberfläche und tauchten lautlos in elegantem Bogen ins türkisblaue Wasser ein. Wo eben noch zwei Wale waren, zeugten nur noch zwei kreisrunde „stille Teiche" im kabbeligen Wasser von ihrer Anwesenheit. Diese sogenannten „Footprints" (Fußabdrücke) entstehen durch den enormen Wasserdruck der Schwanzflosse, wenn ein Wal abtaucht. Offensichtlich schienen diese beiden nicht zum Spielen aufgelegt gewesen zu sein.

Linke Seite: Buckelwalmütter stützen ihr Junges an der Oberfläche, wenn es erschöpft ist.

Diese Seite: Ein Walkalb kann die Luft noch nicht so lange anhalten wie seine Mutter und muss daher häufiger zum Atmen an die Oberfläche.

Am Nachmittag hatten wir mehr Glück. In unmittelbarer Nähe unseres Boots tauchte kurz ein Buckelwalkalb auf. Sofort hielt unser Skipper an und wir warteten. Wo ein Walkalb war, konnte die Mutter nicht weit sein. Nach einiger Wartezeit tauchte sie tatsächlich auf, atmete kurz und ließ dann ihren massigen Körper an gleicher Stelle wieder sinken. Sie schien sich nicht im Geringsten um unser Boot zu kümmern. Als wir vom Boot in das glasklare Wasser schauten, trauten wir unseren Augen nicht. Wir konnten die Mutter deutlich unter uns erkennen.

Plötzlich machte sich Hektik im Boot breit. Andrea und ich schnappten unsere Maske, Schnorchel, Flossen und Kameras und glitten so lautlos wie möglich in das warme Wasser des Südpazifiks. Die Walmutter war immer noch da! Erst unter Wasser offenbarte sich ihre wahre Größe und Anmut. Entweder ruhte sie sich aus und hatte uns nicht bemerkt oder wir waren ihr völlig gleichgültig.

—› *Walmütter ruhen sich in den Paarungsgebieten häufig aus. Dabei schlafen sie scheinbar schwerelos, oft in einigen Meter Tiefe.* ‹—

Buckelwalkühe kommunizieren gelegentlich mit ihren Kälber in einer Art Flüsterton. Möglicherweise reduziert dieses Flüstern das Risiko, einen Jäger oder einen männlichen Begleiter (Eskorte) auf sich aufmerksam zu machen.

Diese Seite: Die Mutter schien nichts dagegen zu haben, dass ihr Kalb mit uns herumtollte.

Rechte Seite: Das Walkalb schwamm voller Tatendrang auf uns zu und wir konnten nur mit größter Mühe einer Kollision ausweichen.

Deutlich erkannten wir, dass die Walmutter mit der „Nasenspitze" knapp über dem hellen, mindestens 40 Meter tiefen Sandgrund zu schweben schien. Unfassbar! Wie ein gewaltiges U-Boot stand sie regungslos kopfüber mit weit ausgebreiteten Brustflossen im Wasser und ließ sich in der Strömung treiben.

Vom Kalb war allerdings keine Spur zu erkennen. Doch dann lugte es vorsichtig unter dem Kopf seiner Mutter hervor. Es schaute zu uns hoch und schien zwischen Neugier und Unsicherheit unschlüssig abzuwägen. Waren diese merkwürdigen „Winzlinge" mit ihren bunten Flossen nun ein neues Spielzeug oder nicht? Schließlich überwog wohl die Notwendigkeit zu atmen und es nahm allen Mut zusammen, um zu uns an die Oberfläche zu kommen. Langsam, fast ohne eine Bewegung der Schwanzflosse, glitt es zu uns herauf. Erst jetzt erkannte ich seine wahre Größe.

—› Ein Kalb kann die Luft noch nicht so
lange anhalten und muss daher häufiger zum
Atmen an die Oberfläche. ‹—

—› *Neben seiner etwa 16 Meter großen Mutter sah das „Kleine" winzig und zerbrechlich aus, obwohl es schon knapp 6 Meter groß war und ungefähr 6 Tonnen wiegen musste.* ‹—

Es kam direkt auf uns zu, drehte dann aber doch kurz vor uns ab, tauchte in einiger Entfernung vor uns auf, atmete kurz und tauchte sofort wieder zur Mutter ab, um Schutz unter ihren gewaltigen Brustflossen zu suchen. Enger Körperkontakt zwischen Mutter und Kalb ist ein wichtiges Kommunikations- und Schutzverhalten der jungen Wale.

Nachdem sich dieser Vorgang einige Male wiederholt hatte, kam plötzlich Bewegung in den riesigen Körper der Mutter. Mit einem Schwung der weit ausladenden Brustflossen brachte sie ihren Körper in die Waagerechte und glitt langsam, fast bewegungslos zum Atmen an die Oberfläche. Sie umkreiste uns in wenigen Meter Entfernung, nahm in aller Ruhe einige Atemzüge und beäugte uns dabei neugierig. Dann ließ sie sich wieder absinken. Scheinbar störte sie unsere Anwesenheit nicht. Sie schien uns zu akzeptieren und konnte sich weiter ausruhen.

Jetzt änderte das Walkalb sein Verhalten. Es schwamm direkt zu uns an die Oberfläche, drehte eine kleine Runde, bei der es uns aufmerksam von allen Seiten beäugte, und tauchte dann wieder zur Mutter ab. Diesmal versteckte es sich jedoch nicht mehr unter ihrer Brustflosse oder schmiegte sich dicht an sie, sondern verharrte neben ihr. So konnte es uns aus sicherer Entfernung besser beobachten.

Nach und nach siegten Spieltrieb und Neugier über die Angst.

Nach einiger Zeit der Unsicherheit schien das Kalb Gefallen am Spiel mit uns gefunden zu haben.

—› *Das Junge fasste mehr und mehr Vertrauen zu uns. Zuerst einmal schwamm es voller Tatendrang auf uns zu und wir konnten nur mit größter Mühe einer Kollision ausweichen.* ‹—

Deutlich erkannte ich die charakteristischen Tuberkel (Beulen) an seinem Kopf. Aus jedem Tuberkel wächst bei Buckelwalen ein etwa 1 bis 3 Zentimeter langes, borstiges Haar, dem möglicherweise eine Tastfunktion zukommt.

Immer wieder wiederholte das Kalb seine ungestümen Annäherungen. Ein junger Wal muss wohl erst noch lernen, wie groß und schwer er ist und wie viele Tonnen unbändigen Spieltriebs ein Mensch verträgt. Genau wie ein junger Hund erst noch lernen muss, wie fest er zubeißen darf, um seinen Spielkameraden nicht zu verletzen. Nun rollte sich das „Kleine" auf die Seite und zeigte uns seinen weißen Bauch mit seinen Kehlfurchen, gerade so, als wollte es sich seinen neuen „Spielgefährten" von allen Seiten präsentieren. „Big Mama" schien nichts dagegen zu haben, dass ihr Kalb diese „unbeholfenen Wesen" mit Maske und Schnorchel ein wenig durch das Wasser kickte. Sie lag ruhig in waagerechter Position unter uns, lugte gelegentlich uns hoch und schien wohl zufrieden, dass ihr Nachwuchs beschäftigt war und sie ihre Ruhe hatte. Sie kam lediglich von Zeit zu Zeit an die Oberfläche, nahm einen Atemzug und ließ sich wieder in ihre angestammte Position unter uns sinken.

Das Kalb schien Gefallen an uns gefunden zu haben. Es schwamm immer wieder direkt auf uns zu und wir konnten jedes Mal nur mit großer Mühe ausweichen, oder, besser gesagt, es ließ zu, dass wir ausweichen konnten!

Buckelwalkälber sind bei der Geburt 4 bis 5 Meter groß. Sie werden 6 bis 12 Monate lang gesäugt. Ab dem 6. Monat nehmen sie zusätzlich feste Nahrung zu sich.

Mit zunehmendem Alter werden die Jungen selbst-
ständiger und erkunden ihre Umwelt mehr und mehr
auf eigene Faust.

Schließlich wollte es uns wohl alles zeigen, was es bisher von seiner Mutter
gelernt hatte: Es schlug abwechselnd mit der Fluke und den Brustflossen
auf die Wasseroberfläche, es drehte sich auf den Rücken oder auf die Seite,
sprang einige Male, und plötzlich öffnete es direkt neben uns sein Maul, so
als wollte es fressen. Aber hier in den warmen, klaren Gewässern vor Tonga
gibt es keine Nahrung für Buckelwale.

Deutlich konnte ich seine Barten erkennen, die von seinem Oberkiefer he-
rabhängen. Buckelwale gehören zu den Bartenwalen, die im Gegensatz zu
Zahnwalen dünne, hornartige Platten besitzen. Diese bilden einen gigantischen Filter, mit dem sie Krill und kleine Schwarmfische in unvorstellbar
großen Mengen aus dem Wasser herausfiltern.

Als es sein Maul wieder schloss, blähten sich seine Kehlfurchen.

—› *Es ist sicher nicht angenehm,
von einem übermütigen halbstarken Buckelwal mit dem Kopf gerammt oder mit
der Schwanzflosse gekickt zu werden.* ‹—

Diese Seite: Ein junger Wal muss erst noch lernen, wie groß und schwer er ist und wie viele Tonnen unbändigen Spieltriebs sein Gegenüber verträgt.

Rechte Seite: Neben seiner etwa 16 Meter großen Mutter sah das „Kleine" winzig und zerbrechlich aus, obwohl es schon knapp 6 Meter groß war und ungefähr 6 Tonnen wiegen musste.

Auch an den nächsten beiden Tagen ließ die Mutter ihren Nachwuchs wieder mit uns spielen. Das Spiel war immer ähnlich: Die Mutter tauchte ab, verharrte in waagerechter Lage unter uns im Wasser und ließ ihr Baby zu uns auftauchen. Zwischendurch säugte sie es und tauchte dann schließlich kurz zum Atmen vor uns auf, um in unmittelbarer Nähe wieder vor uns abzutauchen. Nach drei Tagen war dann „unsere" Mutter mit ihrem Baby verschwunden.

—› *Ich weiß nicht, wie lange wir mit „unserem" Baby durch das Wasser getollt sind. Aber es müssen viele Stunden gewesen sein, wie meine völlig sonnenverbrannten Schultern, mein Rücken und meine Beine verrieten. Es schien ein beiderseitiges großes Vergnügen gewesen zu sein.* ‹—

—› Diese einzigartigen Begegnungen waren
nur möglich, weil die Walkuh uns gestattete, mit ihrem Baby
zu spielen. Oder besser gesagt: Es spielte
mit uns. Was für ein unglaublicher Vertrauensbeweis! ‹—

Plötzlich öffnete das Walbaby direkt neben uns sein Maul,
so als wollte es fressen.

GLATTWALE

MAGIC MOMENT

Wale sind meist eher scheu. Dennoch waren mir sehr intensive und vertrauensvolle Begegnungen mit ihnen vergönnt. Im Golfo Nuevo vor der Küste Patagoniens durfte ich einen dieser „Magic Moments" sozusagen „Auge in Auge" mit einem Südlichen Glattwal erleben.

Den englischen Namen „Right Whale" haben Glattwale von den alten Walfängern erhalten. Sie waren die „richtigen Wale" für die Jagd, weil sie sich in den Reproduktionsgebieten bevorzugt in Küstennähe aufhielten. Sie waren langsame Schwimmer, und man konnte sich ihnen einfach nähern. Die Walkühe ließen ihre harpunierten Kälber nicht im Stich und wegen der dicken Fettschicht trieben die Kadaver der getöteten Tiere an der Oberfläche.

Diese Seite: Südliche Glattwale sind sehr neugierig und verspielt. Sie berühren Objekte, die an der Oberfläche treiben und nähern sich Booten.

Rechte Seite: Bei Glattwalen macht der Kopf mit einer Größe von etwa 3 bis 4 Meter mehr als 25 % der Körperlänge aus.

Wegen des hohen Profits waren diese Wale die ersten, die bereits im frühen 17. Jahrhundert intensiv gejagt wurden. Allein zwischen 1805 und 1844 wurden vermutlich über 50.000 Glattwale erlegt. Durch den industriellen Walfang war diese Art sehr schnell von der Ausrottung bedroht. Der Bestand der Südlichen Glattwale hat sich inzwischen wieder erholt, im Gegensatz zu ihren nächsten Artverwandten, den Atlantischen Nördlichen Glattwalen und den Pazifischen Nördlichen Glattwalen, die nach wie vor vom Aussterben bedroht sind.

—› *Mein erster Wal aus nächster Nähe!*
Nie werde ich dieses Erlebnis vergessen! ‹—

Erwachsene Südliche Glattwale haben einen kräftigen Körper. Sie können eine Länge von 13 bis 18 Meter und ein durchschnittliches Gewicht von 40 bis 80 Tonnen (maximal 90 bis 100 Tonnen) erreichen.

Wir waren mit einem winzigen Schlauchboot unterwegs, um Südliche Glattwale zu beobachten. Plötzlich tauchte so ein „Gigant der Meere" direkt neben uns auf. Seine Ausatemwolke entwich mit ungeheurem Druck seinen beiden Blaslöchern. Seine Fontänen aus feinsten Wassertropfen standen wie zwei Nebelsäulen mehrere Meter hoch und verteilten sich – und mit ihnen ihren eigenartigen Geruch – langsam über unseren Köpfen, bis alles im Boot mit einem öligen Film benetzt war.

Südliche Glattwale sind schon aus großer Entfernung an ihrer 5 bis 6 Meter hohen Ausatemwolke, dem typischen Blas, zu erkennen. Ihre paarigen Blaslöcher sind v-förmig zueinander angeordnet. Dadurch erscheint der Blas meist nicht als eine kompakte Wolke über dem Wal, sondern wie ein großes „V". Der linke Blas ist oft etwas höher. Der Blas besteht vorwiegend aus kondensierter Luft, Wasser und einem geringen Anteil winziger ölhaltiger Tropfen.

Langsam, wie in Zeitlupe, Stück für Stück, glitt der riesige Körper an mir vorbei. Er schien nicht enden zu wollen.

—› *Als der Wal abtauchte, wurde ich mir zum ersten Mal seiner tatsächlichen Größe bewusst. Wie klein sind wir Menschen dagegen! Allein sein Kopf, mit etwa 3 bis 4 Meter, war größer als unser Schlauchboot!* ‹—

Glattwale haben eine sehr große, beidseitig dunkle Schwanzflosse. Sie kann eine Spannweite von 5 bis 6 Meter erreichen und bis zu 40 % der gesamten Körperlänge ausmachen.

Und erst die Fluke! Wie auf einer überdimensionalen Fliegenklatsche kam ich mir vor, als der Wal unter unserem Boot durch tauchte und mit seiner Schwanzflosse bei einer leichten Aufwärtsbewegung sanft unser Boot berührte. Mit einem einzigen Schlag seiner Fluke hätte er uns mitsamt unserem Boot zermalmen können.

Aber für Angst blieb keine Zeit. Er schien sich für uns zu interessieren. Eine zweite Einladung brauchte ich nicht. Schnell schnappte ich mir Schnorchel, Flossen, Taucherbrille und Kamera. Sobald ich über die Gummiwulst unseres Schlauchbootes in das trübe Wasser des Südatlantiks gerutscht war, fühlte ich wie es langsam durch die zahlreichen Löcher meines alten Tauchanzugs eindrang. Der Atem blieb mir fast stehen, 10° Celsius sind kein Pappenstiel.

Linke Seite: Das Gewicht der Fluke unterstützt das Abtauchen auf den ersten Metern.

Diese Seite: Erwachsene Glattwale haben etwa 100 bis 300 kurze Borstenhaare am Unterkiefer, die möglicherweise eine Tastfunktion erfüllen.

Noch bevor ich es mir wieder anders überlegen und zurück ins Boot klettern konnte, schwamm der Wal ruhig auf mich zu und nahm mich interessiert in Augenschein. Ganz langsam schwamm er an mir vorbei und zeigte seinen mächtigen Körper in seiner ganzen imposanten Länge. Unter Wasser erschien er noch viel größer und massiger. Plötzlich sah ich seine riesige, etwa 6 Meter breite Fluke auf mich zukommen. Sie befand sich auf direktem Kollisionskurs mit mir.

—› *Der Wal quittierte meine unbeholfenen Ausweichversuche, indem er seine Fluke mit einer eleganten Bewegung knapp über mich hinweg gleiten ließ. Deutlich spürte ich den gewaltigen Sog, der mich ordentlich durchschüttelte.* ‹—

Dann verschwand er mit einer schwungvollen Bewegung seiner Fluke im Nichts. Kurz darauf kam er aus einer anderen Richtung wieder direkt auf mich zu. Ich versuchte vergeblich auszuweichen. „Hat er mich denn nicht bemerkt? Weiß er nicht, dass ich hier direkt vor ihm bin?", dachte ich. Als sein riesiger Kopf nur noch 2 Meter von mir entfernt war, versuchte ich einen Zusammenstoß zu vermeiden, indem ich so schnell ich konnte nach rechts schwamm. Vergeblich. Egal in welche Richtung ich auszuweichen versuchte, er folgte jeder meiner Bewegungen. Meine unbeholfenen Ausweichmanöver halfen nichts. Er schwamm unbeeindruckt weiter auf mich zu.

Geschickt manövrierte der Wal seine riesige Fluke knapp über mich hinweg, um eine Kollision zu vermeiden.

Ungefähr 60 Tonnen lebende Masse befanden sich auf direktem Kollisions-kurs mit mir. Ausweichen schien zwecklos zu sein. Der Kopf des Wals war schließlich nur noch eine Armlänge von mir entfernt. Deutlich konnte ich seine stoppeligen Barthaare an der Spitze des Ober- und Unterkiefers erken-nen. Erwachsene Glattwale haben etwa 100 bis 300 kurze Borstenhaare, die wahrscheinlich eine Tastfunktion erfüllen.

—› *Natürlich weiß ich, dass man Wale nicht anfassen soll. Aber wie fern-gesteuert streckte ich meine Hand nach seinem Kopf aus, um eine Kollision zu verhindern und um ihn so auf Distanz zu halten.* ‹—

Ich berührte seinen Unterkiefer. Ich spürte die glatte Haut und seinen festen Kopf an meiner Hand. Es fühlte sich ähnlich wie Hartgummi an. Mein Herz schlug bis zum Hals! Der Wal schwamm einfach ruhig weiter und schob mich langsam durch das Wasser vor sich her. Er zeigte keinerlei Anzeichen von Scheu oder Angst. Es war schon sehr beunruhigend, mich in unmittel-barer Nähe eines solchen Riesen zu befinden und zu wissen, dass er mich so direkt vor sich gar nicht sehen kann. Schließlich sind seine Augen seitlich angeordnet!

Südliche Glattwale (sowie Atlantische- und Pazifische Nördliche Glattwale) unterscheiden sich von allen anderen Walen durch auffällige Hautwucherungen am Kopf. Diese werden kurz nach der Geburt von hellen, weißlich-grauen Seepocken und Walläusen (Cyamidae) besiedelt.

Trotz der riesigen Fluke sind Südliche Glattwale außerordentlich langsame Schwimmer. Normalerweise bewegen sie sich mit Geschwindigkeiten von 2 bis 5 km/h , kurzzeitig können sie Geschwindigkeiten von 10 bis 15 km/h erreichen.

Die ruhigen, gleichmäßigen und sanften Bewegungen meines Begleiters schufen jedoch schnell ein unglaubliches Gefühl. Mein anfängliches Unbehagen war längst einem tiefen Vertrauen zu dem Wal und seiner Gutmütigkeit gewichen.

Der Wal schien meine Anwesenheit genauso zu genießen wie ich seine. Als er wieder neben mir war, rollte er sich auf den Rücken und schloss kurz sein Auge. Wollte er mir zuzwinkern? Noch war sein Kopf nur eine Armlänge entfernt. Deutlich sah ich, wie sein kleines braunes, tiefgründiges Auge hin und her wanderte und mich von oben bis unten musterte.

Sein sanftmütiger Blick strahlte eine unglaubliche Wärme und Weisheit aus. „Was will er mir sagen? Was denkt er?", schoss es mir durch den Kopf.

Ich erwiderte seinen Blick mit größtem Respekt und Bewunderung. Aufmerksam betrachtete er jetzt sein Spiegelbild im Objektiv meiner Kamera. Ob er sich in der Reflektion meines Objektivs erkannte, kann ich nicht beurteilen. Delfine im National Aquarium in Baltimore zeigten jedenfalls Anzeichen von Selbsterkennung im Spiegel.

—› Unsere Blicke trafen sich und für einen Augenblick war ich gefangen in Zeit und Raum. Für mich gab es nur noch uns beide auf dieser Welt. Die Zeit um mich herum schien stillzustehen. ‹—

—› Langsam tauchte er senkrecht in die Tiefe ab,
bis er nicht mehr zu sehen war. Kurz darauf erschien mein
„dicker Freund" wieder neben mir. Er hatte mir das
Geräusch des Auslösers wohl doch nicht übel genommen!. ‹—

Die paarigen Blaslöcher sind v-förmig zueinander angeordnet. Dadurch erscheint der Blas meist nicht als eine kompakte Wolke über dem Wal, sondern wie ein großes „V".

Ach ja, die Kamera. Fast hätte ich vergessen, ein Foto zu machen. Ganz ruhig stellte ich die Entfernung manuell auf 0,3 Meter ein (damals gab es noch
keinen Autofokus!) und hielt das 15 mm Weitwinkelobjektiv meiner Niko-
nos V direkt vor sein Auge. Jetzt nur keinen Fehler machen!

Sein Spiegelbild auf dem Objektiv schien den Wal sehr zu interessieren.
Die Bewegungen seines Auges wurden immer langsamer und es schien,
als würde er sich ganz auf sich und sein Spiegelbild konzentrieren. Völlig
bewegungslos lag er neben mir und ich ließ ihm Zeit, sich ausgiebig zu be-
trachten. Erst nach einiger Zeit wanderte sein warmer, gutmütiger Blick
wieder zwischen mir und der Kamera hin und her. Erst dann betätigte ich
den Auslöser.

Viele Wale können über und unter Wasser gleich gut sehen, da sie über eine
weiche und sehr elastische Linse verfügen, deren Form sie den unterschiedlichen Sehbedingungen anpassen können. Das Sehvermögen für Wasserlebe-
wesen ist nur in den oberen Wasserschichten, also maximal bis in Tiefen um
400 Meter, von Bedeutung. In größeren Tiefen herrscht völlige Dunkelheit.

Linke Seite: Als sein riesiger Kopf nur noch 2 Meter von
mir entfernt war, versuchte ich auszuweichen. Doch egal
in welche Richtung ich schwamm, er folgte jeder meiner
Bewegungen.

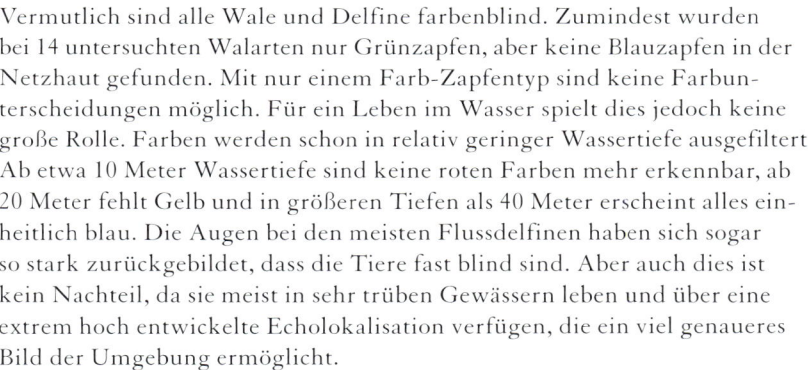

Vermutlich sind alle Wale und Delfine farbenblind. Zumindest wurden bei 14 untersuchten Walarten nur Grünzapfen, aber keine Blauzapfen in der Netzhaut gefunden. Mit nur einem Farb-Zapfentyp sind keine Farbunterscheidungen möglich. Für ein Leben im Wasser spielt dies jedoch keine große Rolle. Farben werden schon in relativ geringer Wassertiefe ausgefiltert. Ab etwa 10 Meter Wassertiefe sind keine roten Farben mehr erkennbar, ab 20 Meter fehlt Gelb und in größeren Tiefen als 40 Meter erscheint alles einheitlich blau. Die Augen bei den meisten Flussdelfinen haben sich sogar so stark zurückgebildet, dass die Tiere fast blind sind. Aber auch dies ist kein Nachteil, da sie meist in sehr trüben Gewässern leben und über eine extrem hoch entwickelte Echolokalisation verfügen, die ein viel genaueres Bild der Umgebung ermöglicht.

Mit dem Geräusch des Auslösers kam plötzlich Bewegung in den massigen Körper. Seine dicke Fettschicht vibrierte regelrecht. Südliche Glattwale haben eine Fettschicht (Blubber) von bis zu 36 Zentimeter Dicke. Sie kann bis zu 40 % des Gesamtgewichts ausmachen. Noch niemals zuvor hatte ich den Auslöser so laut empfunden wie in diesem Augenblick. Es hörte sich an wie ein lauter Knall. Ich bedauerte aufrichtig, dass ich ihn ausgelöst hatte. Fast kam ich mir wie ein Verräter vor. Mein Begleiter war offensichtlich erschrocken. Er versuchte eine Kollision mit mir und seiner Schwanzflosse zu vermeiden. Langsam tauchte er senkrecht in die Tiefe ab, bis er nicht mehr zu sehen war. Kurz darauf erschien mein „dicker Freund" wieder neben mir. Er hatte mir das Geräusch des Auslösers wohl doch nicht übel genommen!

Der schmale Oberkiefer und die Mundlinie sind auffällig stark gewölbt.

Aufmerksam betrachtete der Wal sein
Spiegelbild im Objektiv meiner Kamera.

Völlig durchgefroren wollte ich schließlich zum Schlauchboot zurück-
schwimmen. Allerdings war mein neuer Kumpel damit nicht einverstanden.
Er schwamm genau zwischen mich und das Schlauchboot und versperrte
mir mit seinem etwa 16 Meter langen Körper den Weg zurück zum Boot.
Also musste ich um den riesigen Wal herumschwimmen. Auch beim zweiten
Versuch, das Wasser zu verlassen, schob der Wal seinen Körper zwischen
mich und das Schlauchboot. Beim dritten Versuch hatte er endlich ein Einse-
hen. Erst im Boot merkte ich, dass meine Finger steif gefroren waren.

Ich zitterte vor Kälte am ganzen Körper. Mein „Freund" hob direkt neben
unserem Schlauchboot seinen Kopf hoch aus dem Wasser und sah uns an.
Dann sank er langsam zurück, berührte gleich darauf das Boot vorsichtig
mit seinem Kopf, rollte sich auf die Seite und hob dann, wie zum Abschied,
seine riesige Fluke hoch aus dem Wasser. Unmengen von Wasser rannen wie
Sturzbäche über seine Fluke zurück ins Meer. Er tauchte wie in Zeitlupe
ganz langsam ab, auf Nimmerwiedersehen.

Bei der Heimfahrt näherte sich die Sonne dem Horizont. Wie sehr freute ich
mich auf eine warme Dusche! In einiger Entfernung sahen wir einen Wal,
der mit seiner Fluke mit voller Wucht auf die Wasseroberfläche eindrosch.

Kurz darauf schnellte er mit seinem massigen Körper aus dem Wasser und
– WRUMMMM! – schlug mit lautem Klatschen auf dem Wasser auf. Seine
riesige Spritzwasserfontäne war weit über der Bucht zu sehen. „Goodbye,
my friend!"

POTTWALE

SIESTA

Vergeblich hatten wir den ganzen Vormittag vor der Azoreninsel Pico versucht, Pottwale zu beobachten. Das Wasser war spiegelglatt und wir beschlossen, etwa 15 Kilometer vor der Küste eine Mittagspause einzulegen und etwas zu entspannen. Der Motor war aus, das Wasser plätscherte leise an unser Schlauchboot, von Weitem drang das Kreischen von Möwen zu uns herüber und die Sonne brannte vom Himmel. Herrlich, diese Ruhe! Das Leben kann so schön sein!

Plötzlich durchdrang die Stimme des Ausgucks (Vigia da Queimada) von Pico aus dem Funkgerät die Stille und meldete, dass er etwas weiter draußen eine Gruppe von Pottwalen entdeckt hatte, die an der Oberfläche ruhten. Die Pause war zu Ende. Sofort fuhren wir in die angegebene Richtung und konnten schon nach geraumer Zeit die Ausatemwolken sehen. Erfahrene Walbeobachter können die Schwimmrichtung bei Pottwalen leicht an ihrer typischen nach vorn-links gerichteten Ausatemwolke erkennen. In der vorgeschriebenen Entfernung schaltete der Skipper den Motor ab und wir beobachteten die Szene.

Viele Jahre lang haben Andrea und ich vergeblich versucht, Pottwale bei ihren „Social Meetings" („soziale Treffen") zu beobachten. Und plötzlich, als wir schon fast nicht mehr daran geglaubt hatten, war der lang ersehnte Moment gekommen. 18 Pottwale trieben etwa 20 Kilometer vor der Küste ganz ruhig an der Wasseroberfläche und hielten „Siesta". Die Ankunft des Bootes schien sie nicht im Geringsten gestört zu haben, wie ihre ruhigen, kräftigen Atemgeräusche vermuten ließen.

Pottwale sind die größten Raubtiere der Erde mit Zähnen. Mit einer Körperlänge von 9 bis 20,7 Meter könne sie ein durchschnittliches Gewicht von 15 bis 45 Tonnen erreichen.

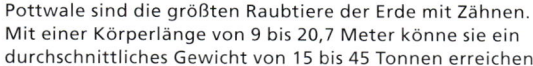

Bei diesen „sozialen Versammlungen" bleiben sie normalerweise länger als 20 Minuten an der Oberfläche und kommunizieren intensiv miteinander.

Bis zum Äußersten angespannt, rutschten wir vorsichtig ins Wasser. Noch waren wir mehr als 150 Meter von den Walen entfernt und konnten die Pottwale unter Wasser nicht sehen, aber wir hörten ihre Kommunikationslaute. Das Wasser war regelrecht erfüllt von Klicklauten und es knisterte wie in einem Raum mit elektrostatischer Aufladung.

—› *Beim sogenannten „Social Meeting" versammeln sich mehrere Pottwale und liegen ruhig nebeneinander, oder sie drehen sich und reiben sich dabei aneinander, oft mit geöffneten Mäulern.* ‹—

Pottwale haben nur im Unterkiefer 30 bis 60 Zähne. Sie sind bis zu 20 Zentimeter lang und wiegen bis zu einem Kilogramm.

Eine Pottwalkuh spritzt ihrem Jungen die Milch aus den Zitzen unter hohem Druck direkt ins Maul. Um die Stromlinienform nicht zu beeinträchtigen, liegt das Gesäuge in taschenförmigen Vertiefungen.

Neben Echolauten erzeugen Pottwale auch unterschiedliche Klicklaute, die der sozialen Kommunikation dienen. Sozialisierende Gruppen erzeugen stereotype Klicksequenzen, sogenannte „Codas". Weibchen haben in Fortpflanzungsgruppen ein ganz bestimmtes Repertoire. Männchen erzeugen oft langsamere Klicks, die alle 6 bis 8 Sekunden wiederholt werden. Die Bedeutung dieser langsamen Klicklaute ist nicht bekannt. Möglicherweise locken sie damit Weibchen an oder grenzen ihr Gebiet gegenüber anderen Männchen ab.

So lautlos wie möglich schwammen wir weiter in die Richtung, die uns der Skipper vom Boot aus mit ausgestrecktem Arm anzeigte. Schließlich konnten wir die ersten Umrisse der massigen Körper erkennen.

—› *Die Wale bildeten eine Formation,
die „Margeritenblüte" oder „Wagenrad"
genannt wird. Die Köpfe sind dabei
zur Mitte, die Fluken nach außen gerichtet,
wie Speichen eines Rads.* ‹—

Gelegentlich richten die Wale auch die Köpfe nach außen – den Angreifern entgegen. Gegen Angreifer, vorwiegend Schwertwale, stellt diese Formation eine wirkungsvolle Verteidigungsstrategie dar.

Die Gruppe bestand aus vielen Weibchen mit einigen Jungtieren, die sie in ihrer Mitte versammelt hatten. Wir näherten uns langsam bis auf wenige Meter. Was für ein Anblick! Jahrelang hatten wir auf so eine Begegnung gewartet und jetzt war sie auf einmal da! Die Pottwale trieben bewegungslos an der Oberfläche und schienen so sehr mit sich selbst beschäftigt zu sein, dass sie keinerlei Notiz von uns nahmen. Wir starrten wie gebannt auf die Szenerie und konnten unser Glück kaum fassen!

Die Tauchgänge der Pottwale können bis zu 60 Minuten dauern. Sie erreichen dabei eine geschätzte Tauchtiefe von über 3.000 Meter. Der längste Tauchgang dauerte 1 Stunde und 52 Minuten. Ihre Kälber tauchen nur in geringe Tiefen, bis maximal 7 Minuten.

Da wir nicht gegen das Licht fotografieren und filmen wollten, beschlossen wir, die Gruppe in gebührendem Abstand zu umrunden. Dabei bemerkten wir einen einzelnen ausgewachsenen Pottwal, der etwas abseits der Gruppe, senkrecht mit dem Kopf nach oben, im Wasser stand. Als wir uns vorsichtig näherten, löste sich ein einzelner junger Pottwal aus der Gruppe, schwamm an uns vorbei und betrachtete uns interessiert, um dann im unendlichen Blau zu verschwinden.

Wir schauten dem Pottwalkalb nach. Der Pottwal, der eben noch abseits der Gruppe senkrecht im Wasser gestanden war, schwamm jetzt geradewegs auf uns zu. Deutlich konnten wir seinen gewaltigen, kastenförmigen Kopf erkennen.

—› *In diesem kastenförmigen Kopf liegt zum großen Teil das sogenannte Spermaceti-Organ, dem der Pottwal seinen englischen Namen „Sperm Whale", „Samenwal", verdankt.* ‹—

Bei dieser milchigen, wachsartigen Substanz handelt es sich jedoch nicht um „Spermacet", „Samen des Wals", wie fälschlicherweise in den Anfängen des Walfangs vermutet wurde. Dieses Walrat wurde im 18. und 19. Jahrhundert zur Herstellung von Kerzen genutzt und war lange Zeit als Schmiermittel für Hochleistungsmotoren unentbehrlich.

Beim sogenannten „Social Meeting" versammeln sich mehrere Pottwale an der Oberfläche in einer dicht gedrängten Gruppe. Sie liegen dann entweder ruhig nebeneinander, drehen sich oder reiben sich aneinander und kommunizieren sehr viel miteinander.

Der Pottwal schwamm weiter auf uns zu. Ich konnte seine backpflaumenartige Haut erkennen. Sie ist immer in Längsrichtung gefurcht und verleiht dem Wal eine gewisse Ähnlichkeit mit einem mächtigen Baumstamm. Auf einmal warf er seinen Kopf von einer Seite zur anderen und öffnete dabei sein riesiges Maul. Wir konnten in seinem Unterkiefer die Zähne sehen. Sie sind bis zu 20 Zentimeter lang und mehr als 1 Kilogramm schwer. Das größte Raubtier der Erde war auf direktem Kollisionskurs mit uns!

—› *Wir konnten spüren, wie die Echolaute des Pottwals unsere Körper trafen und uns abtasteten. Immer schneller und lauter wurden die Klicks. Bis wir sie schließlich physisch am ganzen Körper spürten. Diese Klicklaute prasselten auf uns ein wie gewaltige Druckwellen.* ‹—

Pottwale haben die lautesten Stimmen der Meere. Es wurden maximale Lautstärken von über 200 Dezibel gemessen. Zum Vergleich: Ein normal großer, moderner Jet erreicht gerade einmal eine Lautstärke von 140 Dezibel. Durch ihr Echolotsystem können sie ihre Umgebung bis zu zwei Kilometer weit erkunden.

Wenn Pottwale jagen, nutzen sie vorwiegend pulsierende Klicklaute und Frequenzen zwischen 0,2 und 32 Kilohertz. Sobald sie ein Beutetier lokalisiert haben, werden diese Klicks in immer schnellerer Folge ausgesandt. Die Klicklaute verstummen kurzzeitig, wenn die Beute gepackt und verschlungen wird. Möglicherweise können Pottwale die Beutetiere mit ihren Klicks nicht nur orten, sondern auch betäuben oder zumindest bewegungsunfähig machen.

Gegen Angreifer bilden Pottwale eine Formation die „Margaritenblüte" oder „Wagenrad" genannt wird. Dabei richten sie entweder ihre Köpfe zur Mitte oder nach außen (den Angreifern entgegen).

Erst jetzt bemerkten wir das Kalb neben dem Wal. Die Drohgebärden des ausgewachsenen Pottwals waren deutlich und unmissverständlich. Wir verharrten bewegungslos an der Oberfläche. Schließlich wandte er sich von uns ab und schwamm zurück zur Gruppe. Offensichtlich schien er davon überzeugt zu sein, dass von uns keine Gefahr für die Gruppe ausgeht.

Später im Boot fiel mir dazu das Buch „In the Heart of the Sea" ein, in dem Nathaniel Philbrick die wahre Geschichte der „Essex", einem Walfangschiff aus Nantucket, beschreibt, die später Herman Melville zu seinem Buch „Moby Dick" inspirierte. Melvilles Geschichte endet damit, dass ein Pottwal das Schiff von Kapitän Ahab rammt und schließlich versenkt. Und damit beginnt die Geschichte der „Essex" …

Auf unserer Runde um die Pottwale entdeckten wir eine Pottwalkuh, die etwas abseits der Gruppe ihr Kalb säugte. Dabei spritzen Pottwalkühe ihrem Jungen die Milch aus den Zitzen mit Druck direkt ins Maul. Um die Stromlinienform nicht zu beeinträchtigen, liegt das Gesäuge in taschenförmigen Vertiefungen. Gegenüber seiner Mutter wirkte das „Kleine" mit einer Körpergröße von etwa 5 bis 6 Meter winzig klein. Pottwalkälber haben bei der Geburt eine Körpergröße von etwa 4 Meter und ein Gewicht von etwa 1 Tonne. Sie werden mindestens 2 Jahre, höchstens 10 Jahre gesäugt, wobei sie ab dem 1. Jahr zusätzlich auch feste Nahrung zu sich nehmen.

Mit ruhigen Bewegungen krümmten beide ihren Rücken und tauchten langsam in die Tiefe ab.

Alle Wale sind trotz ihrer Größe erstaunlich gut getarnt.

Was für ein Erlebnis! Für einen kurzen, unvergesslichen Moment ließen sie uns nicht nur als Gast an ihrer „Siesta" teilhaben, sondern säugten sogar ihren Nachwuchs in unserer Gegenwart!

Das Gehirn von Pottwalen ist das größte und schwerste im gesamten Tierreich (bis zu 9,2 Kilogramm bei erwachsenen Männchen).

—› *Wir starrten ihnen nach, bis ihre Körper mit dem tiefen Blau des Wassers verschmolzen. Es war wirklich beeindruckend, wie schnell man ein bis zu 20 Meter großes und bis zu 45 Tonnen schweres Tier im Wasser aus den Augen verliert. ‹—*

BELUGAS

NEUE KLEIDER

In den Sommermonaten durfte ich vor Somerset Island in der kanadischen Arktis einem ganz besonderen Schauspiel beiwohnen.

Jedes Jahr versammeln sich Tausende Belugas in den wärmeren Flussmündungen und scheuern sich mit scheinbarem Wohlbehagen im flachen Kiesbett der Flüsse ihre alte, runzelige, faltige Haut ab. Dabei drehen und wenden sie sich und recken Kopf und Schwanzflosse hoch aus dem Wasser. Die Flüsse sind an einigen Stellen so flach, dass die Weißwale kaum noch schwimmen können. Fast bis zur Hälfte ragt dann ihr Körper ins Freie.

—› *Solange ich sie beobachtete, schien es, als würden sie ihr „warmes Bad" regelrecht genießen. Allerdings sind sie dabei auch eine leichte Beute für die Eisbären.* ‹—

Aus diesem Grund sind die Belugas jetzt besonders wachsam. Schon das leiseste Geräusch vom Ufer, wenn sich zum Beispiel der Kies beim Gehen am Strand bewegt, versetzt sie in höchste Alarmbereitschaft.

Durch das wärmere Wasser und den niedrigeren Salzgehalt in den Flussmündungen quillt die Haut auf und lässt sich besser abscheuern.

Während dieser Zeit ist die Haut der Belugas nicht mehr weiß, sondern voller Parasiten und oft gelblich gefärbt. Durch das wärmere Wasser im Fluss quillt sie auf, wird immer weicher. Schließlich lässt sie sich leicht abscheuern. Gleichzeitig werden bestimmte Hormone aktiviert, die den Neubildungsprozess der Haut beschleunigen und die Fettreserven mobilisieren, damit diese Neubildung schneller abläuft.

Bei gefangenen Belugas im Aquarium findet diese „Häutung" nicht statt. Die Wassertemperatur in den Delfinarien ist immer gleichbleibend und daher werden die Hormone zur Hautneubildung nicht entsprechend aktiviert.

In ihrem arktischen Lebensraum verfügen Belugas über eine Fettschicht, die je nach Alter, Ernährungszustand und Jahreszeit bis zu 15 Zentimeter erreichen kann. Zudem haben sie eine extrem dicke Haut, die mit 5 bis 12 Millimeter zu den dicksten im Tierreich zählt. In der Sprache der Ureinwohner der Polarregion, der Inuit, wird sie „maktaaq" (sprich: maktak) genannt (grönländisch: „mattak"). "). Zum Vergleich: Menschliche Haut ist nur 0,03 bis 2,5 Millimeter dick.

Die Haut der Belugas und der Narwale ist die einzige natürliche Vitamin-C-Ressource in diesem entlegenen Lebensraum. Ihr Vitamin-C-Gehalt entspricht dem einer Orange.

—› *Für die Jungen mit ihrer noch dünnen Fettschicht sind diese Flussmündungen mit ihrem – für Belugas – warmen Wasser von unter 9 °Celsius ein ideales geschütztes Gebiet. Hier können sie schnell wachsen und sich rasch eine isolierende dicke Fettschicht zulegen.* ‹—

Der Körper kommt beim Abscheuern oft bis zur Hälfte aus dem Wasser. Das wärmere Wasser in den Flussmündungen aktiviert bestimmte Hormone, die wiederum den Neubildungs-Prozess der Haut beschleunigen.

Diese Seite: In den Sommermonaten versammeln sich Belugas zu hunderten oder tausenden in wärmeren Flussmündungen, um sich in den flachen Kiesbetten die alte, runzelige Haut abzuscheuern.

Rechte Seite: Bei älteren Belugas können die Zähne bis zum Gaumen abgenutzt sein.

Diese Fettschicht schützt auf der einen Seite vor der Kälte in ihren arktischen Lebensräumen und dient zum anderen als Nahrungsspeicher für die jahreszeitlichen Wanderungen.

Die eigentliche Heimat der Belugas sind die flachen Küstengewässer und Flüsse sowie die Mündungsgebiete der Arktis. Aber diese Wale kommen vereinzelt auch ganzjährig im Sankt-Lorenz-Strom und im Nordpazifik bis zur Cook- und Yukatat-Bucht in Alaska vor.

Wer ganz ruhig am Ufer verharrt, wenn die Belugas nahe genug vorbeischwimmen, kann sogar ihre Stimmen über Wasser wahrnehmen. Diese Wale wurden wegen der erstaunlichen Vielfalt an Pfiffen, Trillern, Quietschen, Schreien, Schnarren, Knarren und Klicks, die zwischen 0,1 und 12 Kilohertz liegen, von frühen Seeleuten auch „Kanarienvögel der Meere" genannt. Die Töne dienen der Echolokalisation, stellen ein wichtiges innerartliches Kommunikationsmittel dar und vermitteln Droh-, Angst-, Lock- und Stimmungsgefühle.

—› *Dabei haben die einzelnen Laute wohl jeweils
eine feste Bedeutung: Die hellen Quietschtöne gestrandeter
Belugas drücken wahrscheinlich Furcht aus,
schnaubendes Schnarren von Tieren, die sich an der
Oberfläche ausruhen, Wohlbehagen.* ‹—

Die Veränderung der Form der Melone steht hauptsächlich mit der Lauterzeugung in Zusammenhang, fungiert aber auch wie eine Art mimische Kommunikation. Abwehr oder Aggression werden durch klapperndes, krachendes Zusammenschlagen der Kiefer und durch Vorwölbung der Melone ausgedrückt. Echolokalisationslaute können durch Formveränderungen der Melone unterschiedlich stark gebündelt werden. Ein geschlossenes Maul und eine abgeflachte Melone signalisieren dagegen Friedfertigkeit.

Belugas können sogar Geräusche, wie menschliche Sprache, Vogelgesang oder Geräusche von Computern, imitieren. An der japanischen Tōkai-Universität ist es zum Beispiel durch Training gelungen, den Tieren die Begriffe „Taucherbrille", „Flosse" und „Eimer" akustisch eindeutig zu entlocken.

Noch in hundert Meter Entfernung können diese Wale Gegenstände unterscheiden und sogar akustische Barrieren überwinden. Sie sind in der Lage, zum Beispiel Echolokalisationssignale durch Eisflächen hindurch zu senden und wieder zu empfangen. Vermutlich ist diese Fähigkeit für sie überlebenswichtig, wenn sie unter dem Eis navigieren, sich orientieren oder auch, um Atemlöcher in der Eisfläche zu orten, wenn sie nach arktischem Kabeljau jagen.

Ein geschlossenes Maul und abgeflachte Melone
signalisiert bei den Belugas Friedfertigkeit.

SURFENDE
DELFINE

DAS GROSSE FRESSEN

Ein Erlebnis der ganz besonderen Art ist der „Sardine Run" vor der Ostküste Südafrikas. Einmal im Jahr versammeln sich Sardinen vor der Südspitze Südafrikas, bilden gewaltige Schwärme von bis zu 20 Kilometer Länge und schwimmen vom Kap der Guten Hoffnung bis Durban. Dieses schwimmende „Fast Food" lockt zahllose Räuber an. Tausende Haie, unzählige Delfine und Seevögel sowie Wale, Robben und Pinguine wollen ein Stück vom „großen Kuchen" erhaschen.

Die Gemeinen Delfine vor der Ostküste Südafrikas haben sogar ihren Reproduktionszyklus dem Zyklus ihrer Beutetiere angepasst. Der Nachwuchs wird genau dann entwöhnt, wenn der Sardine Run mit seinem gewaltigen Nahrungsüberschuss hervorragende Überlebensbedingungen mit geringen Fehlversuchsraten bei den ersten Jagdversuchen bietet.

Als wir am Morgen mit dem Boot an der Küste entlang fuhren, entdeckten wir eine Schule Großer Tümmler, die in der Brandung surften. Immer wieder schwammen sie in die Wellen hinein und schnellten mit scheinbar spielerischer Leichtigkeit in hohem Bogen aus ihnen heraus, wenn sie sich überschlugen. Unser Skipper manövrierte das Boot geschickt zwischen den sich brechenden Wellen. Wir wollten den Delfinen so nahe wie möglich kommen, um das Schauspiel zu fotografieren. Die Luft war erfüllt von feinsten Wassertropfen aus der tosenden Gischt. Innerhalb von Sekunden war alles im Boot von einem dünnen Schleier salzhaltigen Wassers überzogen.

Mit der Kamera im Anschlag versuchte ich irgendwie einen sicheren Halt zu finden, um bei den waghalsigen Bootsmanövern nicht über Bord zu gehen. Immer wieder fuhr der Skipper hinter einem Brecher her. Kurz bevor er sich mit lauten Tosen überschlug und sich die ihm folgende Woge bedrohlich hinter uns aufbaute, beschleunigte er das Boot, um uns im letzten Moment aus der Gefahrenzone zu bringen.

Bei guten Nahrungsbedingungen, wie beim Sardinerun, können sich Ansammlungen von bis zu einigen tausend Gemeinen Delfinen bilden, sogenannte „Mega-Pods".

—› *Sie schwammen direkt auf uns zu. Immer wieder sprangen einige in einem weiten, langen Satz aus dem Wasser. Unser Boot war auf einmal umringt von einem sogenannten „Super-Pod" mit schätzungsweise über 5.000 Delfinen!* ‹—

In der Brandung wäre das Boot verloren gewesen. Nicht jedoch die Delfine. Sie schienen die Wucht und die immense Kraft der Dünung in vollen Zügen zu genießen. Immer wieder tauchten sie in die Brecher ein, um dann in hohem Bogen wieder aus ihnen heraus zu schnellen. Delfin müsste man sein!

Einige Tage später saßen wir weit vor der Küste in unserem Schlauchboot und hielten Ausschau nach Tölpeln, die in riesigen Schwärmen über dem Wasser kreisen. Von dort oben haben sie den besten Überblick und wir wollten dies nutzen. Plötzlich hörten wir von Weitem ein leises Rauschen, wie von einer riesigen Welle, das langsam immer lauter wurde. Dann erst sahen wir die Ursache am Horizont. Das Wasser war weiß, soweit das Auge reichte. Es wurde von einigen Tausend Gemeinen Delfinen aufgewühlt. Unglaublich! Diesen Anblick hätte ich mir in meinen kühnsten Träumen nicht vorstellen können. Ich wollte die günstige Situation nutzen. Sobald ich in das Wasser eintauchte, war ich umringt von Delfinen, soweit ich bei der geringen Sichtweite unter Wasser erkennen konnte. Das Wasser war erfüllt von ihren Pfiffen und Klicklauten.

Gemeine Delfine erzeugen drei verschiedene Arten von Tönen: Pfiffe, sehr schnelle Tonimpulse und Echolokalisationsklicks. Die variantenreichen Pfiffe nutzen sie zur Kommunikation über Hunderte Meter oder sogar über einige Kilometer. Die sehr schnellen Tonimpulse werden bei sozialen Interaktionen und bei der Jagd produziert. Die Echolokalisationsklicks dienen der Orientierung, um Beute aufzuspüren und um Feinde rechtzeitig zu erkennen. Je näher ein Tier oder ein Gegenstand geortet wird, desto wichtiger ist es, präzise Informationen zu erhalten. Handelt es sich um ein Beutetier? Einen Feind? Die Frequenz der ausgesendeten Signale wird immer höher und die Informationen dadurch immer präziser. Schließlich folgen die Klicks so schnell aufeinander dass sie sich für menschliche Ohren wie ein Knarren anhören.

Der Nachwuchs wird genau dann entwöhnt, wenn gewaltige Sardinenschwärme mit bis zu 20 Kilometer Länge vom Kap der Guten Hoffnung bis Durban schwimmen.

Jetzt schossen die Delfine in wildem Tempo auf mich zu, schwammen neben mir vorbei und unter mir hindurch. Einige schienen ihr Tempo etwas zu verlangsamen, um mich kurz neugierig zu mustern, beschleunigten dann aber wieder, um mit ihren Artgenossen mitzuhalten. Da ich mit Schnorchelausrüstung im Wasser war, musste ich immer wieder auftauchen, um Luft zu holen. Der Delfin verbog sich regelrecht in der Luft, um diese Kollision zu vermeiden.

—› Dabei sah ich aus dem Augenwinkel, wie ein Delfin in einigen Metern Entfernung aus dem Wasser schnellte und in weitem Sprung wie ein Torpedo direkt auf mich zuflog. Ich hatte keine Möglichkeit zu reagieren. ‹—

Im selben Augenblick tauchte er auch schon unmittelbar neben mir ins Wasser ein und streifte mich dabei mit seinem kräftigen Körper. Glück gehabt! Ein ausgewachsener Gewöhnlicher Delfin kann bis zu 250 Kilogramm wiegen und dank seines schlanken Körperbaus bis 60 Kilometer pro Stunde schnell schwimmen. Eine Kollision wäre für uns beide sicher nicht gut ausgegangen.

So schnell die Delfine am Horizont erschienen waren, so schnell war der ganze „Spuk" auch wieder vorbei, und plötzlich war das Wasser wieder ruhig und kein Tier war weit und breit zu sehen.

Gemeine Delfine schnellen oft hoch aus dem Wasser und vollführen wahre Kunstsprünge.

Diese Seite: Große Tümmler sind sehr oberflächenaktiv.
Sie surfen häufig in starker Brandung.

Rechte Seite: Die schnellen und ausdauernden Schwimmer
erreichen bei kurzen Sprints Geschwindigkeiten von
20 bis 25 km/h. In freier Wildbahn legen sie durchschnittlich
täglich eine Strecke von 60 bis 100
Kilometer zurück.

GEMEINSAMES FESTMAHL

Am nächsten Tag entdeckte unser Skipper in einiger Entfernung einen Schwarm Tölpel auf hoher See, der wild kreischend über einer bestimmten Stelle kreiste. Immer wieder stürzten sich die Vögel wie lebende Dartpfeile aus großer Höhe ins Wasser. Genau danach hatten wir gesucht! Wir wollten auf keinen Fall zu spät kommen! In wilder Fahrt rasten wir zu der Stelle. Jeder im Boot musste sich und seine Ausrüstung so gut es ging festhalten.

Als wir die Stelle erreichten – sie lag etwa 20 Kilometer von der Küste entfernt – legte jeder schnell seine Tauchausrüstung an und rollte rückwärts ins Wasser. Ein kurzer Blick zu den Tölpeln zeigte uns die Richtung, in die wir abtauchen mussten.

Die Pfiffe der Delfine waren deutlich zu hören und plötzlich kamen sie in Sichtweite. Erst nur schemenhaft, dann immer deutlicher.

—› *Das Wasser war jetzt erfüllt
von Pfiffen und Echolokalisationsklicks.
In wildem Tempo umkreisten sie einen
Sardinenschwarm. Was für ein Spektakel!* ‹—

Gemeine Delfine sind überaus neugierig. Oft nähern sie sich Booten und reiten auf deren Bugwelle.

Delfine jagen Sardinen, indem sie sie zu einem sogenannten „Beuteball" zusammentreiben und zur Wasseroberfläche drängen. Durch ständiges Umkreisen halten sie den Schwarm zusammen. Wenn der Schwarm dicht genug zusammengedrängt ist, stößt ein Delfin nach dem anderen in den Schwarm, um sich seinen Anteil von der Beute zu holen. Bevor sie sich in den Schwarm stürzen, stoßen sie meist einen lang gezogenen „Schrei" aus und lassen dabei Luftblasen aus dem Blasloch entweichen.

Von oben stürzten sich gleichzeitig unzählige Tölpel wie lebende Torpedos vom Himmel. Mit einem lauten Knall tauchten sie mitten in das Gewusel aus panischen Sardinen und ihren Jägern. Dabei zogen sie einen Schwall aus Luftblasen hinter sich her, der eine gewisse Ähnlichkeit mit einem Raketenschweif hatte. Auch sie wollten ein Stück vom „Kuchen" abhaben. Die Sardinen waren in der Falle.

Innerhalb weniger Minuten hatten die Jäger den ganzen Sardinenschwarm aufgefressen. Delfine und Tölpel waren plötzlich, wie auf ein geheimes Zeichen hin, spurlos von der Bildfläche verschwunden. Wo eben noch ein großes Tohuwabohu herrschte, war mit einem Mal Stille eingekehrt. Lediglich ein paar glitzernde Fischschuppen, die langsam in die Tiefe trudelten, zeugten noch von dem großen Fressgelage der letzten Minuten.

Küstennah lebende Große Tümmler bilden meist Gruppen von 2 bis 15 Individuen. Auf offener See leben sie in größeren Gruppen von bis zu 30 Tieren.

RALF KIEFNER UND DIE WALE

—› *Ralf Kiefner*

Ralf Kiefner taucht seit seinem 16. Lebensjahr und arbeitet seit Anfang der 1990er Jahre erfolgreich als Autor, sowie als Tier- und Unterwasser-Fotograf, Unterwasser-Kameramann und Produzent. Seine TV-Produktionen und Dokumentationen wurden weltweit ausgestrahlt und vielfach auf internationalen Filmfestivals ausgezeichnet. Und so verwundert es auch nicht, dass seine Fotos in zahllosen Magazinen publiziert werden.

Im Laufe der Jahre wurde für Ralf Kiefner sein Hobby nicht nur zum Beruf, sondern vielmehr zur Berufung. Bei all seinen Produktionen stehen für ihn und seine Frau Andrea Ramalho — die auf vielen Bildern in diesem Buch zu sehen ist — der Respekt vor den Tieren und ihr Schutz im Vordergrund.

Ralf Kiefner:
»Wir wollen mit unseren Arbeiten den Lesern und Zuschauern die Schönheit und Besonderheit der Tiere nahe bringen. Wir möchten auf die Bedrohungen aufmerksam machen, denen sie weltweit ausgesetzt sind und durch spektakuläre Aufnahmen zeigen, wie schützenswert diese Tiere sind. Dabei ist uns besonders wichtig, dass wir durch unsere Arbeit ihr natürliches Verhalten sowenig wie möglich beeinflussen.«

Mit 105 Farbfotos von Ralf Kiefner
Umschlaggestaltung von Populärgrafik unter Verwendung eines Fotos von Ralf Kiefner.
Es zeigt einen Buckelwal

Unser gesamtes Programm finden Sie unter kosmos.de
Über Neuigkeiten informieren Sie regelmäßig unsere Newsletter,
einfach anmelden unter kosmos.de/newsletter
Gedruckt auf chlorfrei gebleichtem Papier

© 2019, Franckh-Kosmos Verlags-GmbH & Co. KG, Stuttgart
Alle Rechte vorbehalten
ISBN 978-3-440-16338-2
Redaktion: Monika Weymann
Layout, Gestaltung und Satz: Populärgrafik
Produktion: Markus Schärtlein
Printed in Slovakia / Imprimé en Slovaquie

Ihre Themen
—— Unser Newsletter

Sie möchten regelmäßig aktuelle Neuigkeiten, Informationen
und Angebote zum Thema Natur erhalten?

— **Fundiert recherchiert**
— **Wissen aus der Praxis**
— **Alles Wichtige auf einen Blick**

Dann melden Sie sich jetzt für unseren Newsletter an.

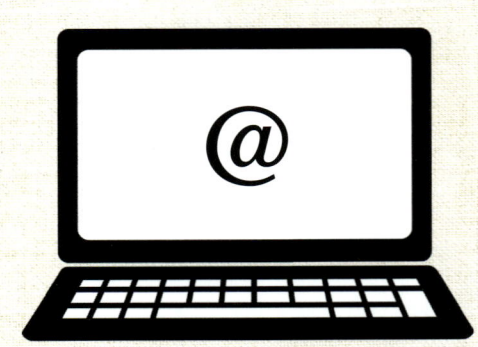

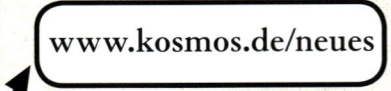

www.kosmos.de/neues